Sigrid Bairlein/Gerdi Kuyten

Freiarbeit in der Mathematik – Grundschule

3. Jahrgangsstufe

Kopiervorlagen

Auer Verlag GmbH

Gedruckt auf umweltbewusst gefertigtem, chlorfrei gebleichtem
und alterungsbeständigem Papier.

1. Auflage. 2001
Nach der Neuregelung der deutschen Rechtschreibung

Zeichnungen: Margit Sillaber, Birgit Weindl
Gesamtherstellung: Ludwig Auer GmbH Donauwörth
ISBN 3-403-0**3085**-7

Inhalt

Abkürzungen:
H = Hunderter Z = Zehner E = Einer

Vorwort

Hinter den Begriffen „Freiarbeit", „Freie Arbeit" oder „Offener Unterricht" verbirgt sich ein pädagogischer Ansatz, der dem Lehrer Möglichkeiten für einen anderen, freieren Unterricht eröffnet. Seit vielen Jahren unterrichten wir in der 3. und 4. Jahrgangsstufe und wissen aus Erfahrung, dass offene und differenzierende Lernformen den Bedürfnissen von Grundschulkindern ganz besonders entgegenkommen.
Freiarbeit ist nicht mehr nur ein Schlagwort oder eine Modeerscheinung, sie hat Einzug in alle Schultypen gehalten und ist in die Lehrpläne verschiedener Bundesländer aufgenommen worden.
So ergänzen sich im Mathematikunterricht der Grundschule systematisch-aufbauendes Lernen und das Arbeiten in offenen Unterrichtsformen.

Dabei werden folgende Ziele angestrebt:

- Anknüpfung an individuell unterschiedliche Kenntnisse und ihre systematische Erweiterung
- Freude am Denken und Tun
- Anregung zu schöpferischem Denken durch selbstständige Auseinandersetzung mit mathematischen Sachverhalten
- Entwicklung der kognitiven Fähigkeiten mit dem Ziel, offen, beweglich und vernetzt zu denken
- Steigerung der Bereitschaft und Fähigkeit zu einem sachlich-rationalen Dialog.

Das vorliegende Buch bietet eine Fülle von Unterrichtsmaterialien, die zur Verwirklichung dieser Ziele beitragen, indem sie bei jedem Schüler angemessene Lernfortschritte in Gang setzen und die Lernbereitschaft wecken und erhalten.

1. Freiarbeit – Was ist das?

Der Begriff der „Freien Arbeit“ oder der „Freiarbeit“ ist nicht neu. Er stammt aus der Reformpädagogik (Montessori, Freinet, Peter Petersen, …), die von den Bedürfnissen des Kindes ausgeht. Tief verwurzelt ist hier der Respekt vor der Einmaligkeit des Kindes, der die zentralen „montessorischen Freiheiten“ in Schule und Unterricht bedingt. In Montessoris Grundriss des Unterrichts- und Schullebens gehören drei Freiheiten: Die „Freiheit des Interesses“, die „Freiheit der Kooperation“ und die „Freiheit der Zeit“ … Diese drei Freiheiten bedingen einander und bilden einen unauflöslichen Zusammenhang.

Übertragen auf die heutige Schulsituation meint Freiarbeit einen Freiraum für das Kind, in dem es Arbeitsmaterial, Sozialform und Arbeitstempo frei wählen kann. Wir haben die Erfahrung gemacht, dass unsere Schüler während der Freiarbeit zu ausdauerndem, selbstständigem und konzentriertem Arbeiten angeregt werden. Sie erfahren dabei ihre Grenzen und Möglichkeiten. Durch freie Wahl von Thema und Arbeitsform geht jeder unserer Schüler seinen Neigungen nach, erprobt sie und entwickelt sie oft sogar weiter.

Immer wieder können wir feststellen, dass durch die freie Wahl des zu bearbeitenden Sachverhaltes sowie des Materials die Lernfreude wächst. In der freien Arbeit kann Über- bzw. Unterforderung weitgehend vermieden werden, da Arbeitsmaterial mit unterschiedlichem Anforderungscharakter zur Verfügung steht. Der Wechsel der Sozialformen wird von den Kindern ganz natürlich gemeistert. Partner-, Gruppen- oder auch Einzelarbeit ist kein Problem mehr, da der Schüler sich in den meisten Fällen die Form selbst auswählen kann.

Freiarbeit ist kein Ersatz für den stärker vom Lehrer geplanten und gelenkten Klassenunterricht. Die Alternative Freiarbeit *oder* geschlossener Unterricht gibt es für uns nicht, sondern Freiarbeit und geschlossene Unterrichtsformen sollen sich sinnvoll ergänzen. Freies Arbeiten muss auf dem Hintergrund eines pädagogischen Grundverständnisses gesehen werden, das dem Kind etwas zutraut, auf seine Leistungsfähigkeit und seinen Leistungswillen setzt.

Neben allen positiven Auswirkungen muss gesagt werden, dass Freiarbeit bei allen Beteiligten ein hohes Maß an Disziplin voraussetzt. Die Schüler müssen lernen, welches Verhalten erforderlich ist

1. zur Sache, zum Unterrichtsinhalt,
2. zu ihren Mitschülern,
3. zum Material.

Diese Arbeitsform ist keinesfalls mit Lärm, Unordnung und Chaos verbunden. Die Kinder folgen verbindlichen Regeln, die sich auf den Umgang mit Materialien, auf die Mitschüler, auf das Verhalten in der Klasse sowie auf einzelne Lernsituationen beziehen. Zur Einführung eines jeden neuen Materials sitzen die Schüler z.B. im Sitzkreis. Hier werden die Materialien und der Umgang mit ihnen erklärt. Danach wird das Material „freigegeben“, d.h. in das Regal gelegt.

Ziel der freien Arbeit ist Erziehung zur Selbstständigkeit durch Selbsttätigkeit in Selbstverantwortung. Sie macht den Lehrer nicht überflüssig, es verändern sich lediglich Handlungsdominanz und Lehrerrolle. Der Lehrer wird mehr und mehr zum Organisator, zum individuellen Lernberater und -helfer, zum Ansprechpartner für jedes Kind.

Auch Misserfolge und kritische Stimmen stellen sich zur Freiarbeit ein, die aber keinen Lehrer hindern sollten, seinen Unterricht durch entsprechende Arbeitsweisen zu verändern. Selbstständiges Arbeiten gelingt u.E. in der Freiarbeit besser als im geschlossenen Unterricht, in dem der Lehrer die dominante direktive, der Schüler die untergeordnete Rolle einnimmt.

2. Grundlegende Voraussetzungen für freies Arbeiten

Das Gelingen der Freiarbeit ist in entscheidendem Maß von der unterrichtlichen Gesamtatmosphäre abhängig. Es gilt alle Beteiligten zu berücksichtigen: die Kinder, die Kollegen, die Vorgesetzten, die Eltern und nicht zuletzt den Lehrer selbst.

2.1 Voraussetzungen beim Lehrer

Ein Lehrer, der Freiarbeit in seinem Unterricht, in einer Schule, in der er der „Vorläufer" dieser Idee ist, einsetzen will, tut sich wesentlich schwerer als ein Lehrer, der in einem diesbezüglich aufgeschlossenen Kollegium arbeitet. Ein Lehrer, der Freiarbeit zu einem festen Bestandteil seines Unterrichts machen möchte, muss bereit sein, Schwierigkeiten und Mehrbelastung in Kauf zu nehmen. Er muss bei der Öffnung des Unterrichts nach außen und innen in der Lage sein, ständig das notwendige Gleichgewicht zwischen den Anforderungen des Lehrplans einerseits sowie den Interessen der Kinder und der Eigengesetzlichkeit dieser Unterrichtsform andererseits herzustellen. Er muss eine Verbindung suchen zwischen den Ansprüchen der Sache und der freien Arbeit. Offener Unterricht erwartet einen offenen, engagierten Lehrer. In der Freiarbeit hat der Lehrer nicht mehr die aktive, dominante Position im Unterrichtsgeschehen, vielmehr übernimmt er eine neue Rolle, die eines helfenden Beraters. Es ist nicht leicht, plötzlich das Konzept aus der Hand zu geben. Man kommt sich oft überflüssig vor, da die Schüler selbstständig arbeiten. Dieses Problem löste sich sehr schnell, wir hatten endlich mehr Zeit für bestimmte Kinder. Eine weitere Voraussetzung muss der Lehrer in der Freiarbeit erfüllen, er muss andere Lernbedingungen akzeptieren. Arbeiten die Schüler auf Teppichfliesen oder auf der Couch in der Leseecke, sollte er bereit sein, sich zu ihnen zu setzen. Die Distanz zwischen Lehrer und Schüler verringert sich so in erfreulichem Maß.
Weiterhin muss der Lehrer einiges Organisationsgeschick mitbringen. Er soll eine Umgebung gestalten, in der es dem Schüler möglich ist, sich frei zu entwickeln.
Freiarbeit benötigt Lehrer, die bereit sind, sich auch in der Materialbereitstellung zu engagieren. Trotz Hilfe von Kollegen (Austauschen oder Leihen von Material), trotz der Freizügigkeit des Rektors (viele Materialien wurden gekauft) mussten wir immer wieder feststellen, dass wir zu wenig Material hatten. So haben wir viel Zeit damit verbracht, zunehmend individuelle Arbeitsmittel zu schaffen, da die im Handel angebotenen nicht immer die unterrichtliche Situation treffen. Weiterhin müssen wir als Lehrer die Handhabung und Regeln der Materialien kennen, um die Schüler in ihren Gebrauch einzuführen.
Der Lehrer muss in der Lage sein, seine Freiarbeit zu verteidigen, unsichere Eltern aufzuklären oder Kritikern mit stichhaltigen Argumenten entgegenzutreten. Das setzt voraus, dass der Lehrer sich intensiv mit der Problematik auseinander gesetzt haben muss und sich mit dieser Unterrichtsform identifizieren muss.

2.2 Voraussetzungen bei Kindern

Bei den ersten Freiarbeitsversuchen in unseren Klassen erkannten die Schüler schnell, dass zum Erreichen von Zielen und zum Umgang in der Gruppe bestimmte Verhaltensweisen notwendig sind. Sie haben gelernt

- in Ruhe zu arbeiten
- Aufgaben in einer bestimmten Zeit zu erledigen
- verantwortungsvoll mit dem Material umzugehen
- mit einem oder mehreren Partnern zusammenzuarbeiten
- den Freiraum nicht zu missbrauchen
- sich im Klassenzimmer, beim Arbeitsmaterial zu orientieren
- Regeln anzuerkennen und zu befolgen
- Ordnung zu halten
- Material nicht liegen zu lassen, es wieder auf seinen Platz zurückzubringen u. v. m.

Schwierigkeiten gibt es lediglich mit einigen Kindern, die meinen, Freiarbeit sei jeden Tag eine Stunde des Nichtstuns. Diese Schüler verlangen größere Beachtung, damit sie ihre Zeit nicht vergeuden.
Als Hilfe zur Einhaltung der notwendigen Regeln haben wir in unseren Klassen Plakate aufgehängt, welche die Schüler immer wieder daran erinnern, wie sie sich verhalten sollen. Zur Einhaltung der nötigen Disziplin und Lautstärke müssen wir nicht immer wieder „Ruhe, bitte!" rufen, sondern wir gehen zu dem betreffenden Schüler hin und deuten stumm auf das Plakat. So wird ohne lautes Ermahnen die Ruhe wieder hergestellt.

2.3 Voraussetzungen in der Räumlichkeit

Bei der Freiarbeit unterscheidet sich das Klassenzimmer grundsätzlich von Klassenzimmern, in denen nur im geschlossenen Unterricht gelernt wird. Die Schüler brauchen Ruhezonen und Bewegungszonen, sie sollen hier z. B. basteln können, während andere Gruppen experimentieren, spielen, miteinander sprechen oder still lesen. Wenn man diese verschiedenen Tätigkeiten bedenkt, ist es einsichtig, dass das Zimmer in Zonen aufgeteilt wird. Ideal wäre natürlich ein großes Klassenzimmer, doch meist hat man nur kleine Räume und hohe Schülerzahlen. Hier kommt es dann auf das Organisationsgeschick des Lehrers an. Mit dem Aufstellen von Regalen oder alten Schränken hat man optisch schon eine Ecke geschaffen. Natürlich hat man wohl in den seltensten Fällen alte Möbel, auf die man zurückgreifen kann. Deshalb wurde das Problem beim Elternabend besprochen: Binnen kürzester Zeit waren wir glückliche Besitzer von alten Sofas, Regalen, Teppichfliesen, Teppichstücken und Tischen. Übrig gebliebene Schulbänke dienen nun als Basteltische.
Kann man keine zusätzlichen Arbeitstische aufstellen, sollte es für alle Schüler möglich sein, sich im Raum frei zum Arbeitsmaterial zu bewegen, so dass die Schüler an

ihrem Platz arbeiten können. Auch die Fensterbänke werden als Stellflächen genutzt, z.B. für Bücher, Stopfpräparate oder gebastelte Werke der Schüler.
Ziel des Einrichtens und Ausgestaltens ist es, aus einem sterilen Klassenzimmer einen wohnlichen Arbeitsraum zu schaffen.

2.4 Voraussetzungen beim Arbeitsmaterial

Der Lehrer, der Freiarbeit plant, merkt schnell, dass diese Unterrichtsform mehr Material verlangt als der geschlossene Unterricht. Wer freie Arbeit auf Lernspiele oder Arbeitsblätter beschränkt, hat m.E. ihre Bedeutung nicht verstanden. Es gibt verschiedene Materialien, die in der Freiarbeit eingesetzt werden können.

2.4.1 Gekauftes Material

Das im Handel erhältliche Material hat den großen Vorteil, dass man wenig Arbeit damit hat. Man kauft es, liest die Spielanleitung durch, vermittelt die Idee den Kindern und das Material kann im Freiarbeitsschrank seinen Platz finden. Die Nachteile darf man aber nicht übersehen: Im Allgemeinen wird der Erwerb für den Einzelnen zu teuer. Ist es in der Schule vorhanden, kann man es nicht als „ständiges" Material im Klassenzimmer deponieren. Außerdem trifft es nicht immer genau den erarbeiteten Stoff.

2.4.2 Von der Lehrkraft hergestelltes Material

Dieses Material hat den Vorteil, dass es exakt auf den Unterricht abgestimmt werden kann. Es ist relativ preiswert in der Herstellung und bleibt immer „Eigentum der Klasse". Zudem befasst man sich intensiver mit dem Stoff, da man das Material selbst entwirft und herstellt. Ein großer Nachteil bei diesen Material ist der hohe Zeitaufwand, den die Herstellung beansprucht.

2.4.3 Von den Kindern selbst hergestelltes Material

Das pädagogisch wertvollste Material ist m.E. das von den Schülern hergestellte. Auch dieses Material hat den Vorteil, dass es sich genau auf den Unterricht beziehen kann. Die Schüler müssen sich intensiv mit dem Thema beschäftigen, um „gebrauchsfähiges Material" herzustellen. Sie müssen alle Aufgaben selbst lösen, um ihren Mitschülern das Material vorzulegen.
Der Nachteil dieser Herstellungsart ist der Zeitaufwand sowie die manchmal weniger ansehnliche Form, die aber bei einem Grundschüler oft nicht besser sein kann.

Grundsätzlich gilt für alle Materialien:

a) Sie sollten dem Entwicklungsstand der Kinder angemessen sein.
b) Sie sollten dem Unterrichtsprinzip vom Leichteren zum Schwereren entsprechen.
c) Inhalte und Anzahl sollten beim Einsatz begrenzt sein. Ein Überangebot erzeugt oft Unsicherheit.
d) Alle Materialien sollten gekennzeichnet sein. (Beispiel: Mathematik = grüner Punkt, Deutsch = roter Punkt, HSU = gelber Punkt)

Tipp: Dieselbe Farbeinteilung in Schrank- oder Regalfächern erleichtert das Ordnunghalten.

e) Material sollte sich an einem ständig zugänglichen Ort befinden. Bei uns liegt z.B. das Freiarbeitsmaterial für eine Woche auf einem Tisch geordnet, den wir „Freiarbeitstisch" getauft haben. Hier befindet sich das Material für die Pflichtaufgaben. Das übrige Material finden die Schüler in Regalen und Schränken.

f) Jedes Material sollte so stabil sein, dass es auch einen häufigeren Gebrauch gut übersteht. Für Stabilität und Hygiene sorgen Laminiergeräte. Fotokopieren Sie eine Seite dieses Buches und laminieren Sie sie. Schon haben Sie ein fertiges Arbeitsmaterial.

g) Wenn man sich die Mühe macht und Material selbst herstellt, sollte man – gerade im Grundschulbereich – daran denken, dass die Kinder lieber damit arbeiten, wenn das Material durch Form und Farbe ansprechend ist.

h) Letztendlich halten wir es für sehr wichtig, dass das Arbeitsmaterial, wenn möglich, eine Selbstkontrolle erlaubt. Dadurch können die Schüler ohne Lehrerhilfe Fehler erkennen und berichtigen. Die Gestaltung der Selbstkontrolle variiert je nach Material. Beim Vorstellen der einzelnen Materialien wird sie näher erläutert.

3. Erläuterungen zu den vorgestellten Materialien und Spielen

* Alle Materialien sollten kopiert und zur besseren Haltbarkeit laminiert werden.
* Auf den Seiten 140 bis 149 befinden sich Blankovorlagen zum selbstständigen Erstellen von Arbeitskarten.
* Auf einigen Domino- bzw. Memorykarten befinden sich Symbole, die die Zusammengehörigkeit der Karten kennzeichnen und so beim Ordnen hilfreich sind.
* Das Symbol →L auf Arbeitskarten bedeutet, dass die Schülerarbeiten vom Lehrer korrigiert werden sollten.
* Das Symbol auf Arbeitskarten bedeutet, dass die Schüler zum Lösen der Aufgaben einen Block bzw. ein Heft benötigen.

3.1 Lernschieber

Der Lernschieber ist ein Arbeitsmittel, welches schnell herzustellen und besonders gut in Einzelarbeit einzusetzen ist. Er besteht aus einer Arbeitskarte und einem beweglichen Teil, dem Schieber. Es ist sinnvoll, sich auf ein einheitliches Maß (Breite: ca. 10 cm, Höhe: variabel, je nach Anzahl der Aufgaben) festzulegen, so dass für alle Karten in jedem Fach nur ein Schieber benötigt wird.
Zur Herstellung des Schiebers wird die Blankovorlage des Lernschiebers (S. 140) kopiert, auf Karton geklebt und mit Folie überzogen. Der Schieber lässt sich nun problemlos über die Arbeitskarte schieben.
Das Beispiel (S. 14) behandelt das Thema „Einmaleins mit 2, 4, 5, 8, 10“. Das Kind platziert den Schieber so, dass nur die oberste Reihe zu sehen ist. Die unteren Reihen sind durch den Schieber verdeckt. Das Kind überlegt: „Welche Einmaleinsaufgabe hat das Ergebnis 15?“, nennt für sich oder in Partnerarbeit die Lösung und schiebt zur Kontrolle den Schieber ein Feld nach unten. Dort steht links die Lösung, während rechts die nächste Einmaleinszahl erscheint. So verfährt es bis zur letzten Reihe.

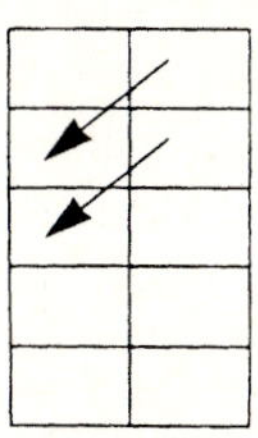

3.2 Domino

Ausgehend von der Idee des Dominospiels, bei dem immer Spielsteine mit gleicher Augenzahl aneinander gelegt werden, werden hier statt der Spielsteine zwei zueinander passende Karten gesucht.
Der Vorteil aller Dominos besteht darin, dass der Lehrer bei der Herstellung wie beim Einsatz großen Spielraum hat. Er kann sein Domino an jeder beliebigen Stelle unterbrechen, beenden oder erweitern.
Dominospiele sind geeignet für Einzel-, Partner- und Gruppenarbeit. Grundsätzlich kann man sie in der Freiarbeit wie in jeder Phase des geschlossenen Unterrichts einsetzen.
Wie schon erwähnt, soll in der Freiarbeit für die Schüler eine Möglichkeit zur Selbstkontrolle angeboten werden. Für das Dominospiel heißt das, dass die Karten auf der Rückseite durchgehend nummeriert werden. Die Kinder können sich so jederzeit selbst überprüfen.

Arbeitsweise:

Dominos sind für Schüler nicht schwer zu spielen. Sie suchen aus der Vielzahl der Karten den „Start“ (Symbol A = Anfang) heraus. Auf derselben Karte finden sie entweder ein Symbol, zu dem sie die passende Zahl suchen müssen oder ein Bild, zu dem sie den passenden Text/Zahl suchen müssen. Haben die Schüler die passende Karte gefunden, wird sie angelegt und die nächste gsucht. So wird das Spiel fortgesetzt, bis die letzte Karte (Symbol E = Ende) angelegt ist.

3.3 Pfeildomino

Diese Dominovariante, die sich für Aufgaben, bei denen ein Platzhalter in der Mitte gefunden werden soll, besonders anbietet, unterscheidet sich lediglich in seiner Form von dem bereits beschriebenen Domino. Das Spielprinzip ist das gleiche. Das Spiel kann in Einzel-, Partner- oder Gruppenarbeit durchgeführt werden.

Arbeitsweise:

Einzelarbeit:

Das Kind verteilt die Karten mit der Oberseite nach oben auf seinem Arbeitsplatz. Es beginnt mit einer Karte z. B.

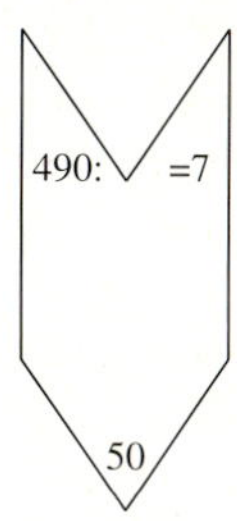

legt sie hin und sucht entweder die Karte mit der 70 in der Spitze oder eine Karte mit einer Aufgabe, deren Leerstelle 50 ist.

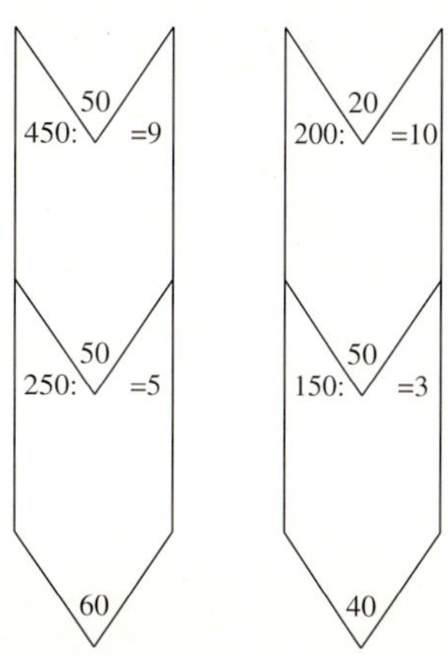

So fährt es fort, bis es keine Karten mehr anlegen kann. Kontrolle gibt hier die Lehrkraft oder der Partner.

Partnerspiel:

Die Partner teilen sich die Karten auf und legen sie jeder für sich aufgedeckt hin. Kind A legt eine Karte hin, Kind

B sucht aus seinen Karten eine passende aus und legt sie an. Abwechselnd werden die beiden Kinder versuchen, ihre Karten abzulegen. Wer zuerst keine Karten mehr hat, ist Sieger.

Gruppenspiel:

Hier empfiehlt es sich, die Vorlage zweimal zu kopieren oder mit der Blankovorlage neue Aufgaben zu entwickeln, um mehr Karten zu erhalten. Die Karten werden an die Kinder verteilt. Ein Kind beginnt und legt eine Karte in die Mitte. Reihum wird nun angelegt. Wer keine passende Karte hat, muss aussetzen. Wer zuerst alle Karten abgelegt hat, ist Sieger.

3.4 Memory

Memoryspiele sind den Kindern schon von der Vorschulzeit her bekannt. Sie eignen sich vorzüglich dazu, das Konzentrationsvermögen zu steigern, weil die Kinder sich über längere Zeit mit einer Sache beschäftigen müssen. Zum erfolgreichen Spielen gehört zudem ein gutes Gedächtnis. Ziel beim Memoryspiel ist es, so viele Kartenpaare wie möglich zu sammeln. Durch die Vielfalt der Gestaltungsmöglichkeiten eignet es sich gut für den Einsatz im Mathematikunterricht. Deshalb werden in dieser Sammlung mehrere Themen durch Memoryspiele abgedeckt.
Da beim Memoryspiel jedes Bild doppelt benötigt wird, muss man die Zeichnungen bzw. die Vorlagen dieses Buches zweimal fotokopieren. Eine andere Möglichkeit ist, durch Bild und zugehörige Aufgabe oder Aufgabe und Ergebnis zusammengehörende Kartenpaare herzustellen.

Arbeitsweise:

Die Kinder mischen und verteilen die Memorykarten auf dem Boden mit der Rückseite nach oben.
Der erste Schüler hebt zwei Karten hoch, deckt sie für alle Schüler sichtbar auf. Haben die Karten ein zusammengehöriges Motiv, im Beispiel auf den Seiten 41 bis 43 Einmaleinsaufgabe und passende Nachbaraufgaben ($6 \cdot 3 = 18 \rightarrow 5 \cdot 3 = 15$ und $7 \cdot 3 = 21 \rightarrow 6 \cdot 3 - 1 \cdot 3$ und $6 \cdot 3 + 1 \cdot 3$), gehören sie dem aufdeckenden Spieler, der es dann gleich noch einmal versuchen darf. Gehören die Karten nicht zusammen, werden sie wieder umgedreht und der nächste Spieler ist an der Reihe. Wer am Schluss die meisten Kartenpaare hat, ist Sieger.
Dieses Spiel eignet sich besonders zur Partner- oder Gruppenarbeit. Im offenen Unterricht ist es jederzeit einsetzbar, im geschlossenen Unterricht eignet es sich in erster Linie für Motivations- und Übungsphasen.

3.5 Auftragsscheibe

Die Auftragsscheibe ist in allen Klassen und in vielen Lernbereichen einsetzbar und bietet sich vor allem für Partnerarbeit an. In der rechteckigen Hülle befindet sich auf beiden Seiten je ein „Fenster", das jeweils auf der einen Seite eine Aufgabe und auf der anderen Seite das zugehörige Ergebnis sichtbar werden lässt.

Beispiel aus dem Mathematikunterricht zum Thema „Einmaleins mit 2, 4, 5, 8, 10" (S. 17):

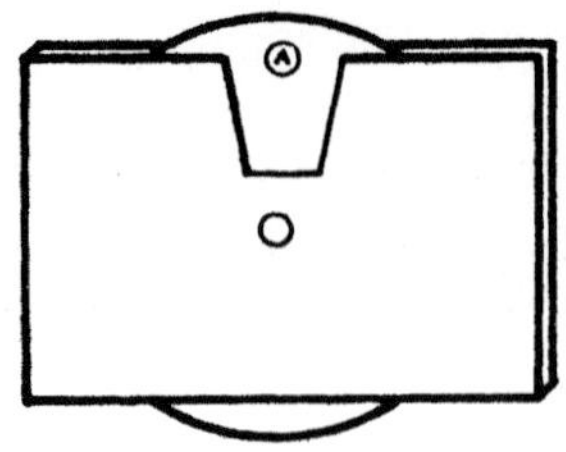

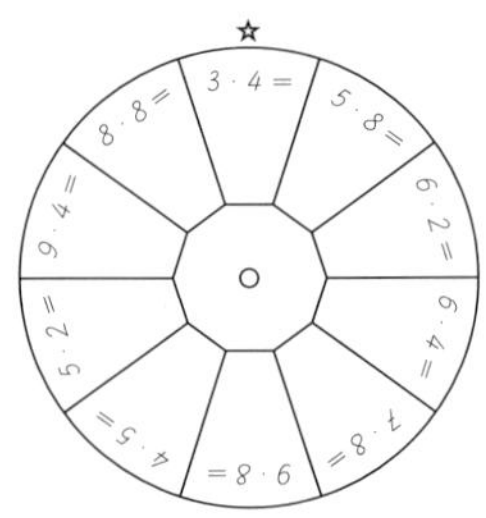

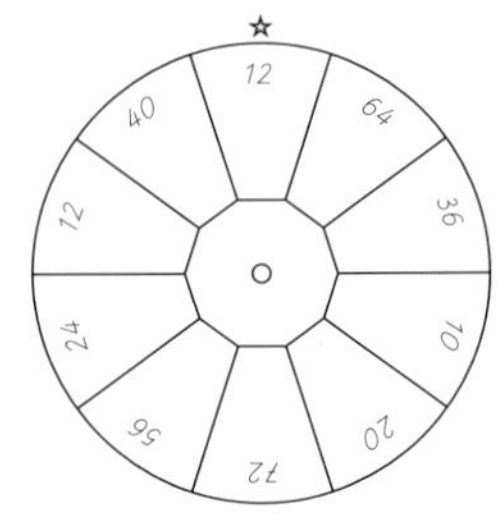

Arbeitsweise:

Zwei Schüler sitzen sich gegenüber und halten die Auftragsscheibe zwischen sich. Schüler A löst die im Fenster sichtbare Aufgabe. Nachdem Schüler A die Lösung gesagt hat, bestätigt Schüler B oder korrigiert das Ergebnis, welches in seinem Fenster erscheint. Nun wird die Scheibe weitergedreht und die nächste Aufgabe gelöst.
Durch Auswechseln der jeweiligen Scheibe, d. h. der Inhalte ist die Auftragsscheibe vielseitig verwendbar. Beim Herstellen der Auftragsscheibe ist darauf zu achten, dass die Vorlagen für die Vorderseite und für die Rückseite standrichtig aufgeklebt werden. Andernfalls könnte sich eine falsche Zuordnung von Aufgabe und Lösung ergeben. Die Kopiervorlagen dieser Sammlung sind mit entsprechenden Symbolen gekennzeichnet.

3.6 Stöpselkarte

Stöpselkarten, im Fachhandel schon lange bekannt, sind bei vielen Schülern ein sehr beliebtes Arbeitsmaterial. Wie alle Arbeitsmittel in der freien Arbeit folgt es der Forderung, „mit Kopf, Herz und Hand" zu lernen. Einige Verlage bieten fertige Stöpselkarten zum Verkauf an. Aber nicht jede Schule finanziert diese Anschaffung. Das Selbstherstellen erfordert nicht viel Zeit, ist billig und kann in den jeweiligen Unterricht einbezogen werden. Beim Anfertigen der Stöpselkarten ist man in keiner Weise an irgendein Format oder eine äußerliche Form gebunden. Zur Arbeit mit Stöpselkarten benötigt man die Karten selber, Holzständer sowie passende Stöpsel (im Spielwarenhandel erhältlich).

Der Arbeitsaufwand bleibt relativ gering, wenn man folgende Tipps beachtet:

- Am besten lässt man unten an der Stöpselkarte einen etwa 2 cm breiten Rand frei, der dann in die Setzleiste rutscht.
- Verwendet man keine Kopiervorlage, so zeichnet man sich am besten eine Schablone und fotokopiert diese, bevor man die Aufgaben oder Zahlen einträgt.

- Eine einheitliche Größe der Karten erleichtert das Ordnunghalten im Schrank!
- Zum Einstanzen der Löcher leistet ein Locheisen gute Dienste.

Arbeitsweise:

Das Kind stöpselt gemäß des Arbeitsauftrags entweder mit der richtigen Farbe (S. 49) oder das richtige Ergebnis mit einer beliebigen Farbe (S. 20).
Ist es mit dem Stöpseln fertig, dreht es den Ständer der Karte um. Durch die Farbmarkierung des richtigen Lochs sieht das Kind sofort, ob seine Antworten richtig oder falsch sind.
Stöpselkarten sind besonders gut für Einzelarbeit geeignet, da sich die Schüler selbst kontrollieren können. Aber auch zur Partnerarbeit bietet sich dieses Material an. Die Kinder lösen abwechselnd die Aufgaben und kontrollieren sich gegenseitig. Die unmittelbare Rückmeldung der erbrachten Leistung fördert die Motivation der Schüler. Arbeiten die Schüler längere Zeit mit Stöpselkarten, so wird es sie bald reizen, selber solche Karten herzustellen.

Tipp: Bunte Verstärkungsringe sind zum Markieren der richtigen Lösung nicht geeignet, da sie sich sehr schnell von der Karte lösen. Billiger und dauerhafter ist es, die Lösung mit einem wasserfesten Folienstift zu umkreisen.

3.7 Folienkarte

Die Folienkarte kann aus ökonomischen Gründen als solche oder auch als Arbeitsblatt eingesetzt werden. Hier erledigt der Schüler schriftliche Arbeitsaufträge. Die Folienkarte wird kopiert, laminiert und mit Folienstiften beschriftet.

Arbeitsweise:

Die Schüler führen die Arbeitsanweisungen auf der Karte durch und kontrollieren sich dann selber.
Bei Folienkarten, die keine Selbstkontrolle aufweisen, folgt der Schüler dem aufgedruckten Symbol →L (Erklärung siehe S. 9, Beispiel S. 31).
Sind mehrere Arbeitsschritte zum Lösen der Aufgabe nötig, folgt der Schüler dem Symbol (Erklärung siehe S. 9, Beispiel S. 93) und rechnet auf einem gesonderten Blatt.

3.8 Kippkarte

Die Kippkarte ist eine Arbeitskarte, bei der durch eine Trennlinie die Aufgabe vom Ergebnis getrennt wird. Mit der Kippkarte wird in der Regel in Einzelarbeit gearbeitet (siehe S. 88). Karten mit waagerechter Trennlinie können auch mit einem Partner bearbeitet werden.
Bei Einzelarbeit knickt der Schüler die Karte entlang der Trennlinie, löst die Aufgaben und kontrolliert dann die Ergebnisse.
Bei Partnerarbeit wird die geknickte Karte aufrecht hingestellt, sodass ein Schüler die Aufgaben, der andere die Ergebnisse sieht. Schüler A löst die Aufgaben, Schüler B kontrolliert die Ergebnisse, Beispiel siehe S. 116.

3.9 Zahlen-Würfelspiel

Für das Zahlen-Würfelspiel wird der Spielplan kopiert, farbig ausgemalt und foliert. Sie können den Spielplan zuvor auch nach Belieben vergrößern.
Zum Spielen benötigt man den Spielplan, Würfel und Spielfiguren. Das Spiel eignet sich für zwei bis vier Mitspieler.

Spielregel:

Das Kind mit der geringsten Augenzahl beginnt. Es startet beim Startfeld und setzt seine Spielfigur um so viele Felder vor, wie es gewürfelt hat. Nun löst es die Aufgabe bzw. erledigt den Arbeitsauftrag des Feldes, auf dem es steht. Ist die Aufgabe richtig gelöst, darf das Kind ein Feld vorrücken; bei falschem Ergebnis muss es ein Feld zurück. Die Mitspieler sind dabei die Kontrolleure. Erreicht das Kind ein Feld mit einem lachenden Gesicht, darf es um die angegebene Anzahl der Felder vorrücken, kommt es auf ein Feld mit einem weinenden Gesicht, muss es um die angegebene Anzahl der Felder zurück. Sieger ist, wer als Erster das Ziel erreicht.

3.10 Mäusespiel „Welche Maus erreicht den Käse?“

Auch hier wird der Spielplan kopiert, farbig ausgemalt und foliert. Er kann zuvor auch nach Belieben vergrößert werden. Zum Kennzeichnen der Mäuse, die den Käse erreichen, werden Spielsteine, Knöpfe oder Ähnliches benötigt.

Arbeitsweise:

Das Spiel wird in Einzel-, Partner- oder Gruppenarbeit erarbeitet. Ziel ist es, dass die Mäuse errechnet werden, die zum Käse kommen.

Einzelarbeit:

Ein Kind löst für sich alle Rechnungen und markiert die entsprechenden Mäuse.

Partnerarbeit:

Die Kinder teilen sich die Anzahl der Rechnungen oder rechnen beide abwechselnd eine „Mausrechnung“. Wer hat am schnellsten eine Maus, die zum Käse kommt?

3.11 Hühnerspiel „Welches Huhn kann sich retten?“

Der Spielplan wird kopiert, farbig ausgemalt und foliert. Er kann zuvor nach Belieben vergrößert werden. Zum Kennzeichnen der Hühner, die sich retten können, werden Spielsteine, Knöpfe oder Ähnliches benötigt.

Spielregel:

Retten können sich alle Hühner, die die oben stehende Ziffer als Ergebnis ihrer Aufgabe haben, denn nur die „Ziffer“-Hühner erreichen den Hühnerstall. Das Spiel kann man als Partner- oder Gruppenspiel spielen. Auf jedes „Ziffer“-Huhn wird ein Spielstein gesetzt. So ist bald klar, welche Hühner dem Marder entkommen können.

3.12 Schneckenrennen „Welche Schnecke erreicht den Salat?“

Auch hier wird der Spielplan wieder kopiert, farbig ausgemalt und foliert. Selbstverständlich kann auch dieser Spielplan nach Belieben vergrößert werden. Zum Kennzeichnen der Schnecken, die den Salat erreichen, werden Spielsteine, Knöpfe oder Ähnliches benötigt.

Spielregel:

Es bleiben all jene Schnecken hungrig, die die im Salat stehende Ziffer nicht als Ergebnis ihrer Aufgabe haben, denn nur die „Ziffer“-Schnecken schaffen es bis zum Salat. Das Spiel kann als Partner- oder Gruppenspiel gespielt werden. Auf jede „Ziffer“-Schnecke wird ein Spielstein gesetzt. So ist bald erkennbar, welche Schnecken den leckeren Salat erreichen.

3.13 Klammerkarte

Für den Einsatz der Klammerkarte benötigt man die auf Karton aufgeklebte, folierte Arbeitsvorlage und Spielzeugklammern oder farbige Büroklammern.

Tipp: Lassen Sie beim Aufkleben, wie bei der Stöpselkarte, unten einen Rand von ca. 2 cm frei für die Setzleiste.

Arbeitsweise:

Das Kind löst die Aufgabe und kennzeichnet am Rand der Karte die entsprechende Lösung mit kleinen Spielzeugklammern. Danach dreht es für die Kontrolle die Karte um und vergleicht mit den zuvor vom Lehrer angebrachten Farbmarkierungen. Dadurch ist eine Selbstkontrolle gewährleistet.

3.14 Kletterkarte

Die Karten werden kopiert (evtl. vergrößert), ausgeschnitten, auf Karton aufgeklebt und foliert. Die Karten können in Einzel-, Partner- oder Gruppenarbeit bearbeitet werden.

Spielregel:

Einzelarbeit:

Ein Schüler nimmt die Karten und schreibt mit wasserlöslichem Folienstift das Ergebnis auf die Karte. Kontrolle auf der Rückseite. Dazu muss das Kind die vorgegebenen Zahlen am Baumstamm addieren oder subtrahieren, bis es zum letzten Kästchen kommt. Hier ergänzt es bis zur Zahl, die oben im Baum steht.

Partnerarbeit:

Schüler A rechnet, Schüler B kontrolliert. Danach wechseln sie die Rollen.

Gruppenarbeit:

Die Karten werden an vier Schüler ausgeteilt. Wer am schnellsten seine Lösungszahl hat, ist Sieger.

3.15 Buchstabenrätsel

Aus Zeitschriften, besonders Rätselzeitschriften, sind die Buchstabenrätsel bekannt. Es werden Buchstaben gesucht, die dann in die jeweiligen Leerfelder eingetragen werden. Die Kontrolle erfolgt durch das Lösungswort, welches die Schüler in einem dick eingerahmten Feld finden.
Diese Rätsel werden aufgeklebt und als Langzeitarbeit in den Schrank gelegt. Die Schüler nehmen sich ab und zu von selber die Rätsel heraus oder sie erscheinen von Zeit zu Zeit als Wiederholung auf dem Wochenplan.

Tipp: Die Buchstabenrätsel auch mit Folie überziehen und von den Schülern mit wasserlöslichen Stiften ausfüllen lassen.

Arbeitsweise:

Die Schüler erhalten das Blatt (z.B. Vorlage S.92) und rechnen die Ergebnisse aus. Danach suchen sie für ihre Ergebniszahlen die richtigen Buchstaben und tragen sie in der richtigen Reihenfolge in die Leerfelder ein. Bei richtiger Lösung entsteht ein Lösungswort.

3.16 Kassettenrekorder

Einen Kassettenrekorder können die meisten Kinder bedienen. Man kann ihn im Mathematikunterricht folgendermaßen verwenden:

Einsatz für mehrere Schüler:

Hier wird ein Verstärker für den Anschluss von drei oder vier Kopfhörern gebraucht. Nachdem die Kopfhörer angeschlossen sind, hören die Schüler gleichzeitig die vom Lehrer vorbereitete Kassette. Der Lehrer bespricht eine Leerkassette mit Aufgaben aus dem Mathematikunterricht, z.B. die Reihenfolge der Zahlen von 500 bis 600. Der Lehrer spricht: Ich nenne dir immer drei Zahlen. Die vierte Zahl fehlt. Wenn du sie ergänzt, ist die Reihenfolge richtig. Du gibst die Antwort im Flüsterton.

Beispiel:

Lehrer auf Kassette: 523 524 – 526
Der Schüler flüstert: 525.

Ob der oder die Schüler richtig geantwortet haben, hören sie nach einer kleinen Pause, wenn der Lehrer die Lösung nennt. Daraufhin folgt die nächste Aufgabe.

Einsatz für nur einen Schüler:

Auch hier bespricht der Lehrer die Leerkassette mit Aufgaben. Der arbeitende Schüler hört sich jeweils eine Aufgabe an, drückt die Pausetaste und schreibt die Antwort auf. Mit Hilfe des bereitgestellten Kontrollblattes kann das Kind nach der Bewältigung der Aufgabe sofort kontrollieren oder aber erst nach der Lösung aller Aufgaben die Kontrolle erfolgen lassen.

Materialien und Spiele

1. Einmaleinssätze

1.1 Das Einmaleins mit 2, 4, 5, 8, 10

Lernschieber: Einmaleins mit 2, 4, 5, 8, 10

	15
3 · 5	12
3 · 4/6 · 2	80
8 · 10	56
7 · 8	16
2 · 8/4 · 4	20
4 · 5/2 · 10	40
8 · 5/4 · 10	30
6 · 5/3 · 10	48
6 · 8	45
9 · 5	32
8 · 4	60
6 · 10	14
7 · 2	28
7 · 4	36
9 · 4	

	48
6 · 8	6
3 · 2	24
6 · 4/3 · 8	18
9 · 2	50
10 · 5	100
10 · 10	64
8 · 8	15
3 · 5	56
7 · 8	36
9 · 4	72
9 · 8	40
5 · 8/10 · 4	48
6 · 8	25
5 · 5	15
3 · 5	

Domino: Einmaleins mit 2, 4, 5, 8, 10

A Anfang	9 · 4 =	36 8 · 2 =	16 4 · 5 =	20 8 · 10 =
80 6 · 4 =	24 3 · 5 =	15 9 · 2 =	18 2 · 10 =	
20 6 · 5 =	30 8 · 8 =	64 7 · 8 =	56	E Ende

A Anfang	3 · 4 =	12 6 · 8 =	48 9 · 4 =	36 6 · 4 =
24 8 · 2 =	16 3 · 5 =	15 8 · 4 =	32 4 · 10 =	
40 6 · 8 =	48 9 · 2 =	18 7 · 4 =	28	E Ende

A Anfang	9 · 10 =	90 2 · 8 =	16 4 · 5 =	20 6 · 6 =
36 5 · 2 =	10 8 · 4 =	32 6 · 10 =	60 3 · 5 =	
15 9 · 8 =	72 6 · 8 =	48 2 · 4 =	8	E Ende

Domino: Einmaleins mit 2, 4, 5, 8, 10

A Anfang	40 : 8 =	5 12 : 4 =	3 20 : 10 =	2 64 : 8 =
8 12 : 2 =	6 20 : 5 =	4 45 : 5 =	9 36 : 4 =	
9 56 : 7 =	8 18 : 2 =	9 10 : 10 =	1	E Ende

A Anfang	24 : 4 =	6 40 : 5 =	8 15 : 5 =	3 32 : 4 =
8 10 : 5 =	2 72 : 8 =	9 12 : 4 =	3 28 : 4 =	
7 15 : 5 =	3 40 : 10 =	4 48 : 8 =	6	E Ende

A Anfang	12 : 4 =	3 48 : 8 =	6 14 : 2 =	7 36 : 4 =
9 10 : 5 =	2 40 : 5 =	8 15 : 5 =	3 56 : 8 =	
7 2 : 2 =	1 40 : 10 =	4 28 : 4 =	7	E Ende

Auftragsscheibe: Einmaleins mit 2, 4, 5, 8, 10

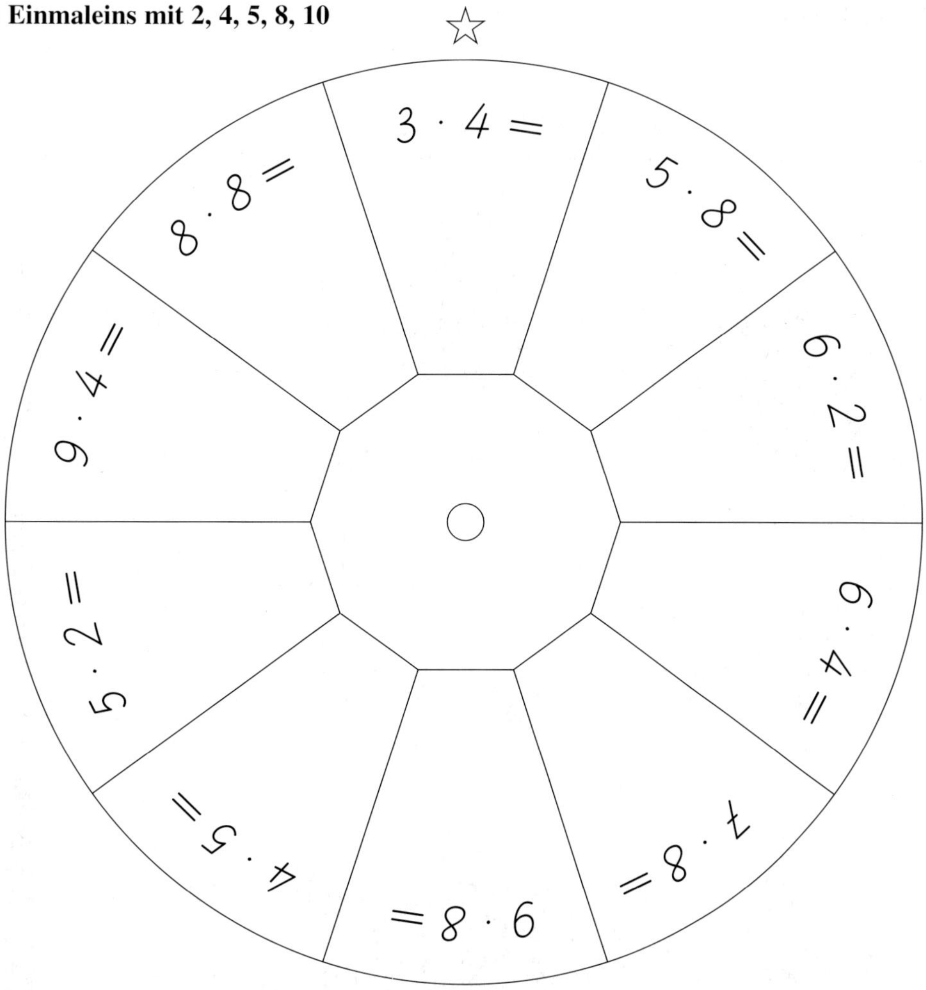

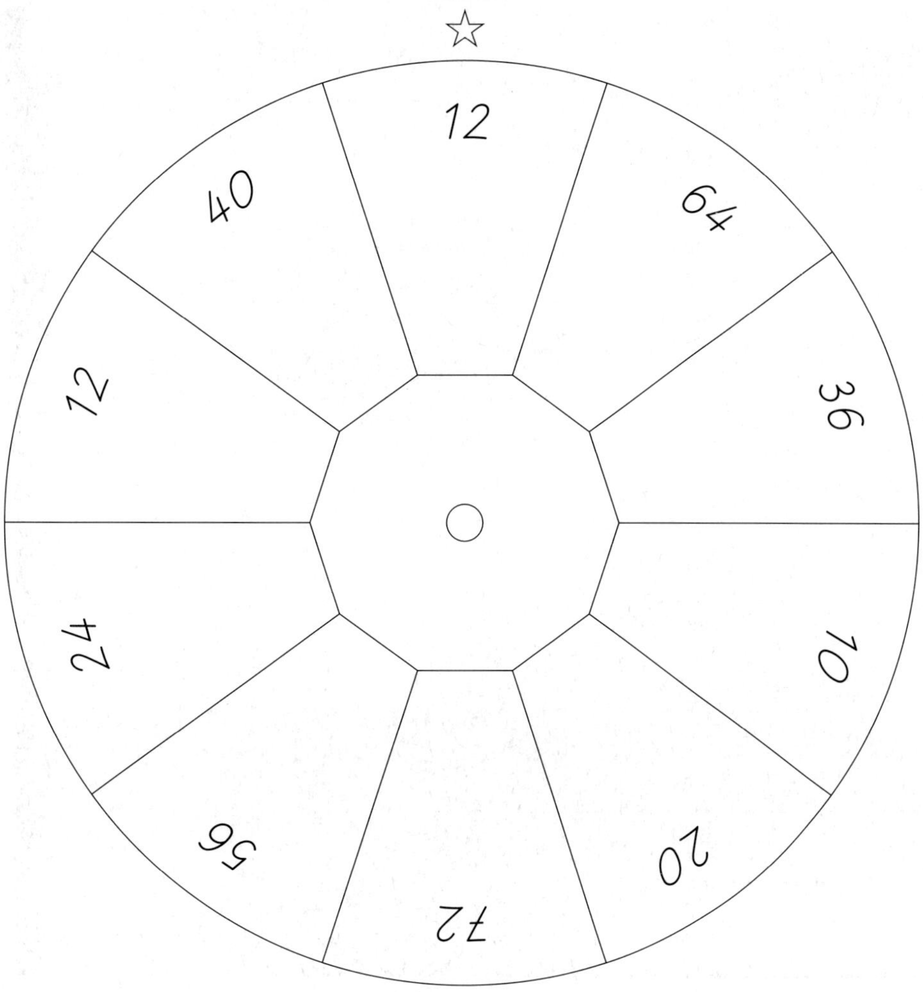

Auftragsscheibe: Einmaleins mit 2, 4, 5, 8, 10

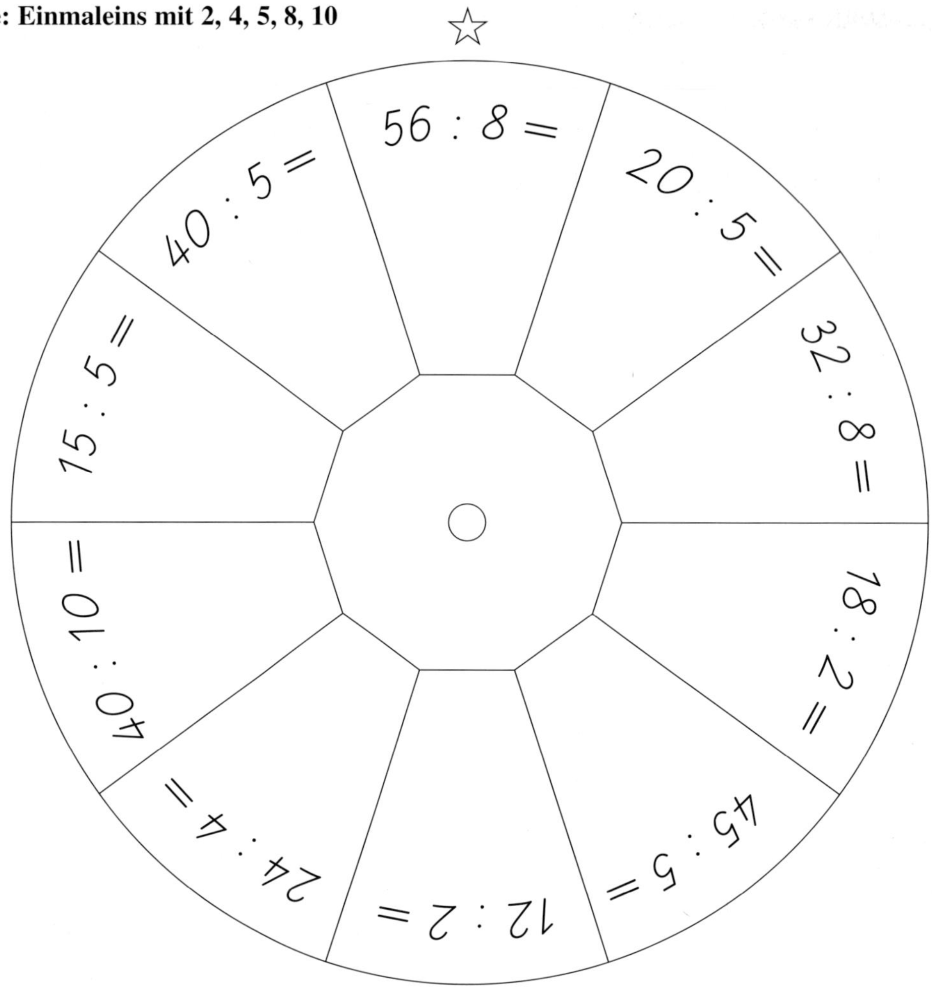

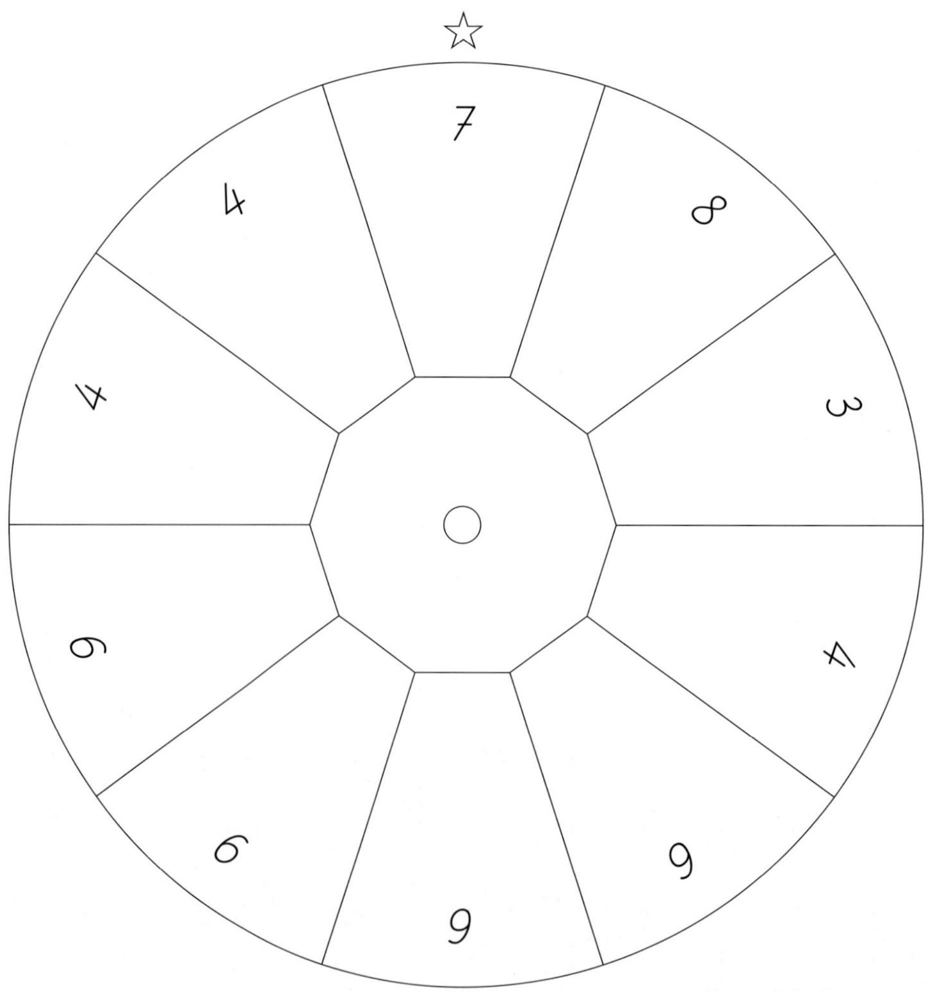

Stöpsle das richtige Ergebnis! 

5 · 10 + 34 =	52	46	84
6 · 2 + 24 =	36	38	29
8 · 4 + 14 =	54	46	51
9 · 5 + 18 =	62	63	39
4 · 4 + 16 =	68	39	32
5 · 8 + 19 =	59	48	71
6 · 4 + 29 =	74	53	36
7 · 10 + 23 =	82	93	91

Stöpsle das richtige Ergebnis! 

8 · 4 + 29 =	58	61	66
8 · 5 + 23 =	63	64	39
6 · 4 + 17 =	58	44	41
9 · 8 + 16 =	79	88	45
6 · 8 + 26 =	74	62	68
5 · 5 + 33 =	49	71	58
9 · 2 + 17 =	29	35	34
8 · 2 + 39 =	48	55	56

Stöpsle das richtige Ergebnis! 

28 : 4 + 43 =	59	50	61
48 : 8 + 63 =	69	84	76
15 : 5 + 72 =	83	75	74
56 : 8 + 14 =	19	21	24
12 : 2 + 60 =	66	56	68
36 : 4 + 28 =	24	17	37
32 : 8 + 16 =	20	19	25
100 : 10 + 43 =	54	53	63

Stöpsle das richtige Ergebnis! 

64 : 8 + 56 =	63	74	64
24 : 4 + 16 =	12	22	34
30 : 10 + 40 =	43	41	55
12 : 2 + 66 =	61	72	69
16 : 4 + 58 =	73	62	56
18 : 2 + 81 =	90	89	94
90 : 10 + 18 =	31	27	44
50 : 5 + 7 =	17	33	46

Lernschieber: Einmaleins mit 2, 4, 5, 8, 10/Platzhalter

	35 = □ · 4 + 3
8	19 = □ · 8 − 5
3	47 = □ · 5 + 2
9	39 = □ · 8 + 7
4	47 = □ · 10 − 3
5	29 = □ · 4 + 1
7	99 = □ · 10 + 9
9	42 = □ · 8 + 2
5	43 = □ · 5 + 3
8	77 = □ · 10 + 7
7	24 = □ · 4 + 4
5	41 = □ · 8 − 7
6	29 = □ · 5 + 4
5	33 = □ · 4 − 3
9	19 = □ · 4 + 3
4	

	49 = □ · 8 + 9
5	34 = □ · 5 + 4
6	27 = □ · 4 + 3
6	51 = □ · 10 − 9
6	11 = □ · 5 + 1
2	22 = □ · 8 − 2
3	38 = □ · 4 + 2
9	36 = □ · 10 − 4
4	61 = □ · 8 + 5
7	38 = □ · 5 + 3
7	41 = □ · 4 + 1
10	23 = □ · 8 + 7
2	41 = □ · 5 − 4
9	75 = □ · 8 + 3
9	92 = □ · 10 − 8
10	

Rechne mit Frage, Rechnung und Antwort!

① 8 Ordner kosten 16 Euro.

② In der Klasse sind 28 Kinder. Es werden Gruppen mit je 4 Kindern gebildet.

③ Peter und Jan kaufen sich eine CD für 18 Euro.

④ 20 Murmeln werden an 5 Kinder verteilt.

⑤ Zu Janas Geburtstag kommen 10 Kinder. Sie hat 30 Luftballons.

⑥ Baschkim, Yussuf, Laura und Lisa teilen sich 32 Gummibärchen.

⑦ Julia und Lukas besitzen 30 Spielzeugautos. Sie packen je 5 Autos in einen Karton.

⑧ Thomas stellt Steffi folgende Aufgabe:

64 : 8 + 62 = ?

⑨ 2 Brüder bekommen zusammen von ihrer Oma 8 Euro geschenkt. Opa gibt jedem noch-mal 1 Euro.

⑩ Frau Brunner kauft 90 Briefkuverts. In einem Paket sind jeweils 10 Stück.

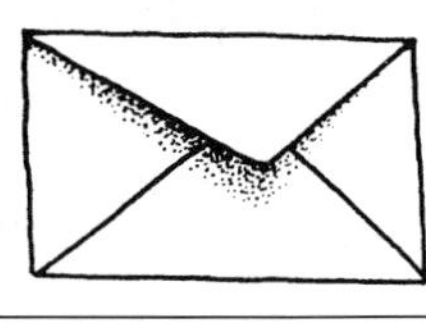

4 = G	3 = E	2 = G	6 = A	5 = H
9 = T	9 = T	70 = C	8 = M	7 = U

①	②	③	④	⑤	⑥	⑦	⑧	⑨	⑩

1.2 Das Einmaleins mit 3, 6, 9, 7

Domino: Einmaleins mit 3

Stöpsle alle Sechserzahlen!
18
41
33
48
42
6
12
24
23
60
36
8
16
30
54

Domino: Einmaleins mit 9

Auftragsscheibe: Einmaleins mit 7

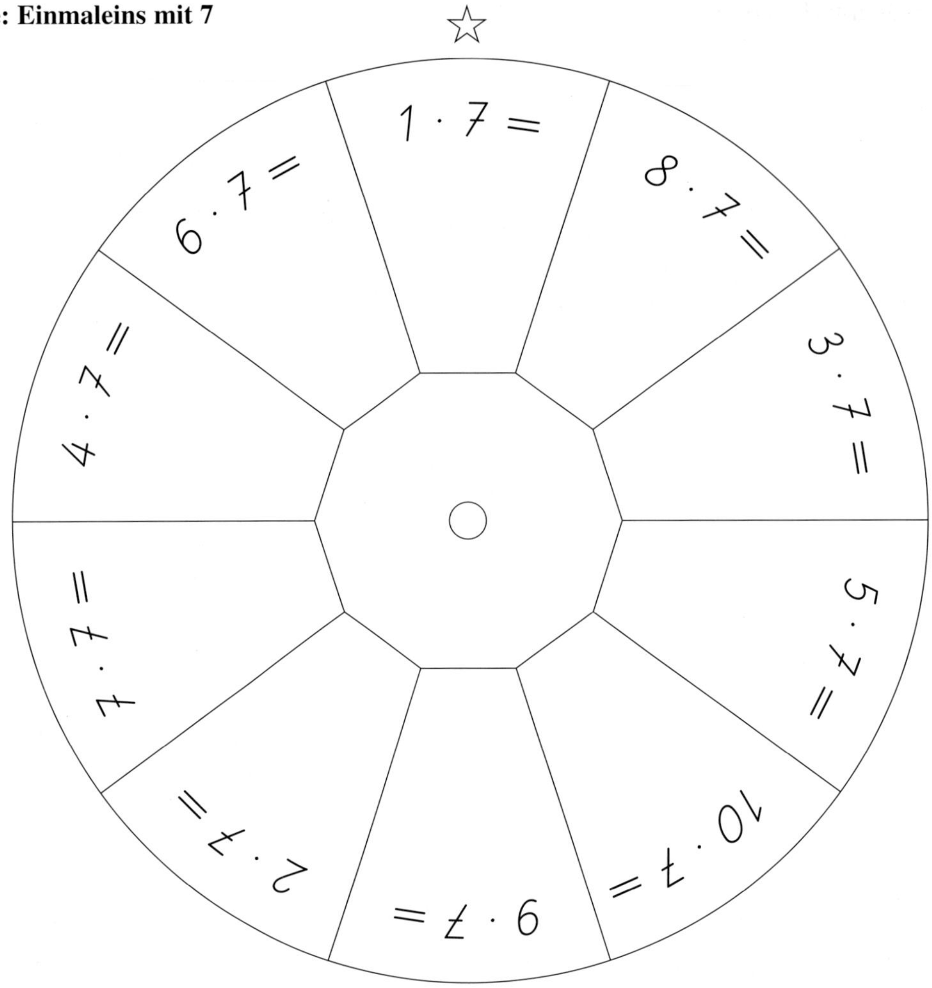

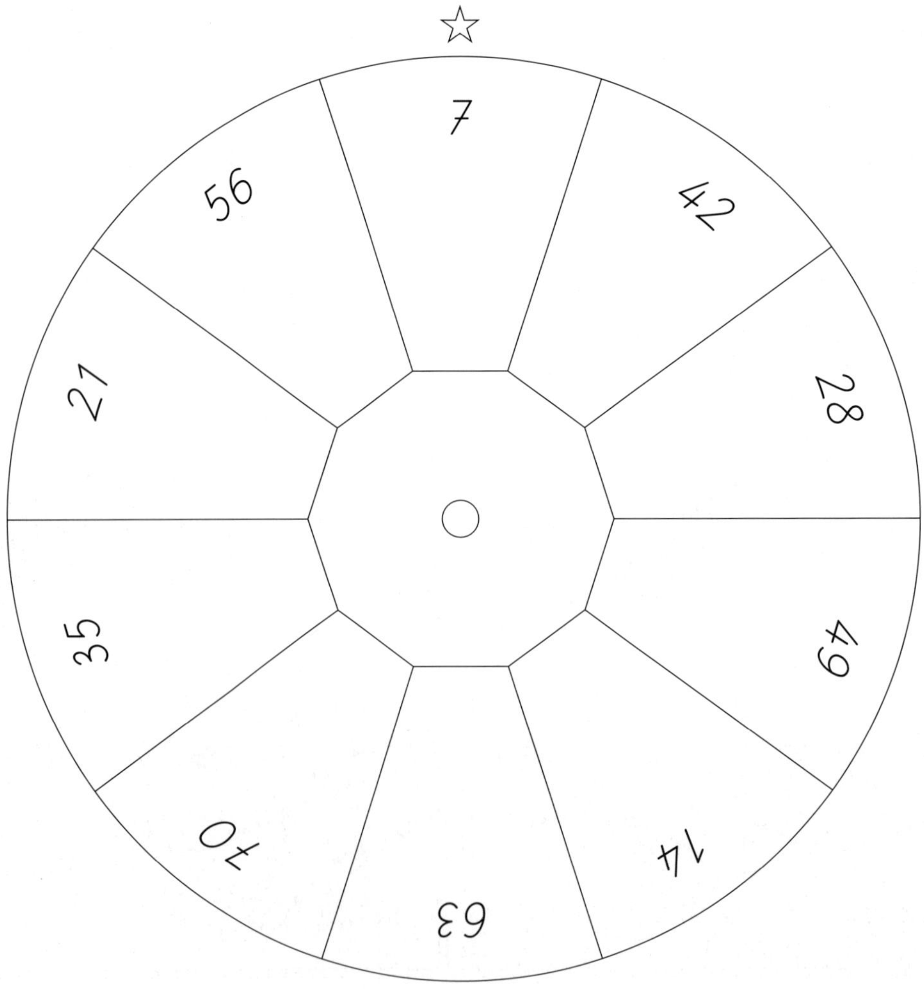

Folienkarte: Einmaleins mit 3, 6, 9, 7

Finde die passenden Einmaleinszahlen!
In jedem Kästchen bleibt eine Zahl übrig.
Zählst du die vier übrigen Zahlen zusammen, erhältst du 100.

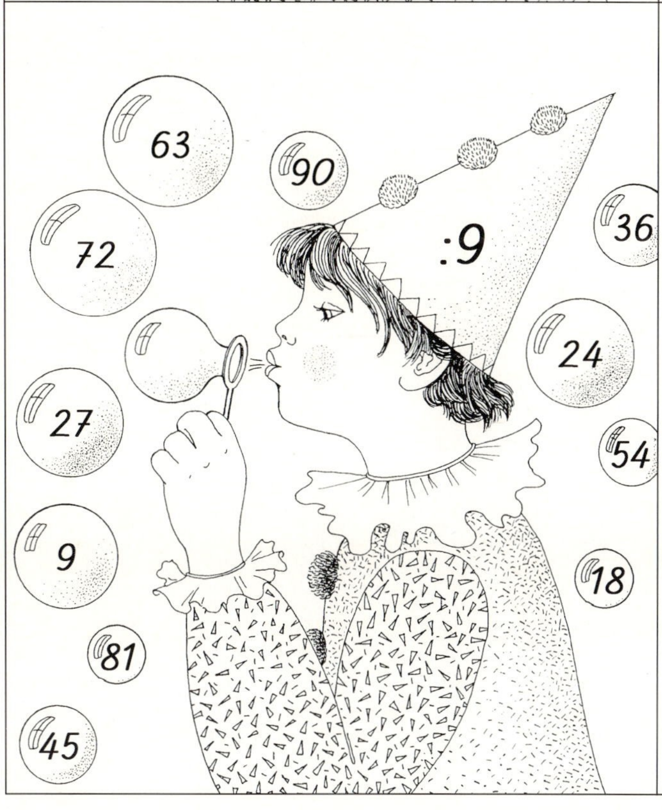

Suche das Lösungswort!

5	54	90	4
· 3	: 6	: 9	· 7
+ 12	− 2	+ 71	+ 21
: 3	· 6	: 9	: 7
: 3	− 39	· 9	+ 2
+ 27	· 6	− 76	· 7
: 3	: 6	· 9	: 7

______ ______ ______ ______

A	E	S	M	H	O	U	B
3	9	45	40	10	28	7	99

Domino: Einmaleins mit 3, 6, 9, 7

A Anfang	2 · 3 =	6 7 · 6 =	42 8 · 7 =	56 9 · 9 =
	81 9 · 6 =	54 4 · 9 =	36 3 · 7 =	21 6 · 3 =
	18 8 · 3 =	24 5 · 7 =	35 5 · 6 =	30 E Ende

A Anfang	81 : 9 =	9 36 : 6 =	6 35 : 7 =	5 27 : 3 =
	9 63 : 7 =	9 36 : 9 =	4 54 : 9 =	6 21 : 7 =
	3 48 : 6 =	8 15 : 3 =	5 18 : 6 =	3 E Ende

A Anfang	28 : 7 =	4 6 · 3 =	18 42 : 6 =	7 81 : 9 =
	9 6 · 7 =	42 4 · 7 =	28 4 · 6 =	24 7 · 9 =
	63 8 · 6 =	48 27 : 9 =	3 18 : 3 =	6 E Ende

	Das Neunfache von 9?
81	Teile die gesuchte Zahl durch 6 und du erhältst 7!
42	18 ist wie viel mal 3?
6	36 geteilt durch wie viel ist 6?
6	Das Ergebnis von 10 · 6?
60	Der sechste Teil von 60?
10	27 geteilt durch wie viel ist 9?
3	Wie viel mal 7 ist 14?
2	Das Siebenfache von 6?
42	36 geteilt durch wie viel ist 4?
9	49 ist wie viel mal 7?
7	Teile die gesuchte Zahl durch 3 und du erhältst 9!
27	56 geteilt durch wie viel ist 8?
7	18 ist wie viel mal 6?
3	Der siebte Teil von 35?
5	

	Der fünfte Teil von 45?
9	Wie viel mal 3 ist 15?
5	Das Achtfache von 3?
24	Das Ergebnis von 4 · 7?
28	Das Zehnfache von 7?
70	Teile die gesuchte Zahl durch 7 und du erhältst 5!
35	Wie viel mal 6 ist 48?
8	21 geteilt durch wie viel ist 7?
3	Das Ergebnis von 6 · 3?
18	Das Vierfache von 7?
28	Der neunte Teil von 90?
10	81 ist wie viel mal 9?
9	72 geteilt durch wie viel ist 8?
9	Teile die gesuchte Zahl durch 9 und du erhältst 4!
36	Wie viel mal 9 ist 72?
8	

Male alle Ringe mit Rest 1 gelb, mit Rest 2 blau, mit Rest 3 rot und mit Rest 4 grün an!

Schneckenrennen: Einmaleins mit 3 bis 9

Welche Schnecke erreicht den Salat?

Mäusespiel: Welche Maus erreicht den Käse? Einmaleins mit 2 bis 9

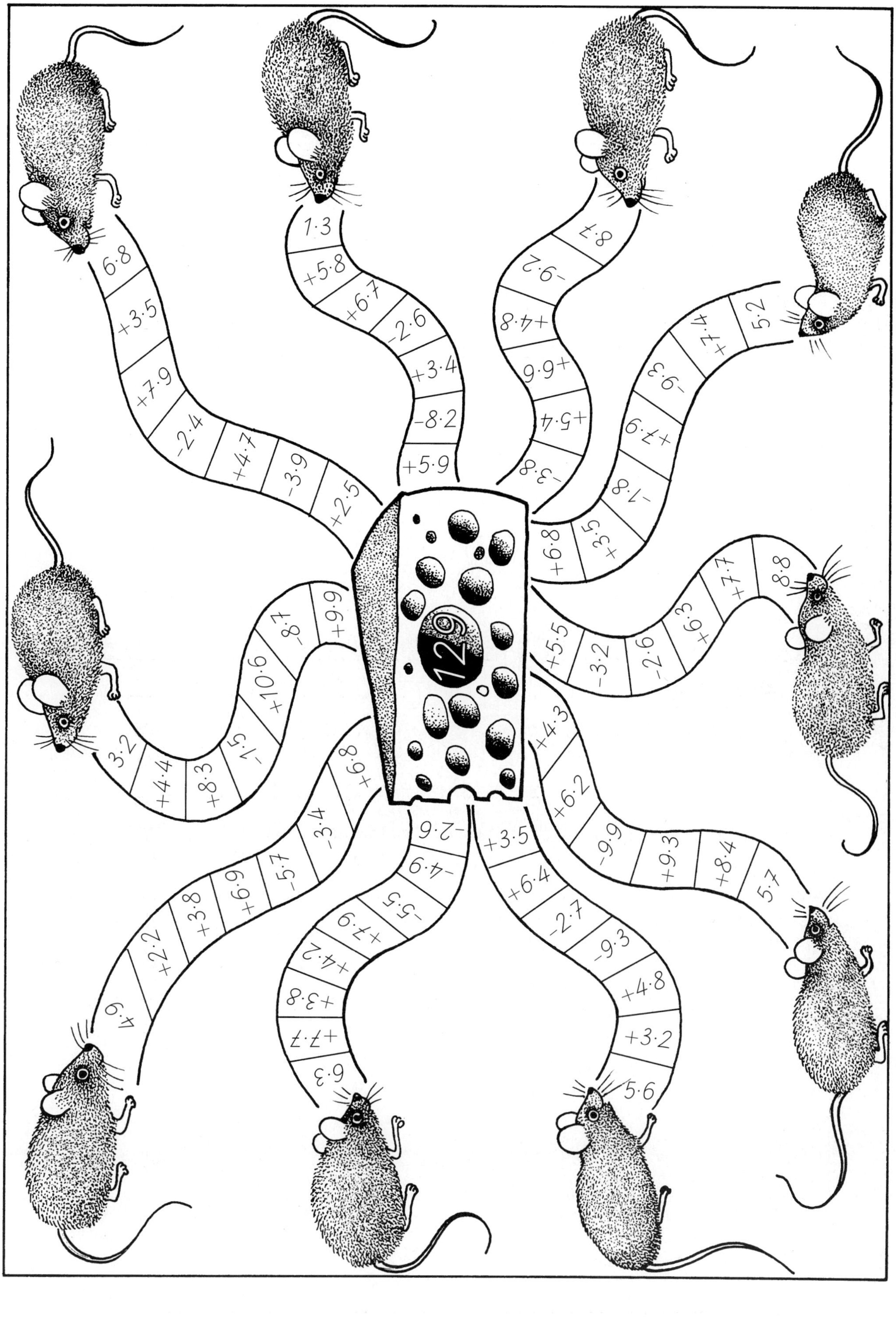

Stöpsle das richtige Ergebnis!

9 · 9 − 27 =	54	72	66
91 − 5 · 10 =	66	69	41
26 + 3 · 7 =	47	48	72
4 · 8 + 39 =	69	71	53
6 · 9 + 29 =	36	83	74
78 − 7 · 6 =	36	72	39
8 · 4 + 48 =	80	77	63
9 · 5 − 22 =	23	32	33

Stöpsle das richtige Ergebnis!

17 + 3 · 5 =	21	32	44
28 + 4 · 2 =	36	25	53
5 · 10 − 12 =	33	24	38
61 − 5 · 6 =	31	42	51
53 + 4 · 4 =	57	69	38
6 · 8 + 31 =	65	49	79
9 · 3 − 16 =	20	11	22
6 · 7 + 36 =	51	48	78

1.4 Strategien zum Lösen von Einmaleinsaufgaben

Lernschieber: Tauschaufgaben

	3 · 7 = ☐
7 · 3 = 21	7 · 4 = ☐
4 · 7 = 28	3 · 5 = ☐
5 · 3 = 15	8 · 6 = ☐
6 · 8 = 48	5 · 9 = ☐
9 · 5 = 45	5 · 8 = ☐
8 · 5 = 40	7 · 3 = ☐
3 · 7 = 21	9 · 2 = ☐
2 · 9 = 18	4 · 10 = ☐
10 · 4 = 40	8 · 9 = ☐
9 · 8 = 72	8 · 7 = ☐
7 · 8 = 56	8 · 3 = ☐
3 · 8 = 24	9 · 5 = ☐
5 · 9 = 45	3 · 6 = ☐
6 · 3 = 18	9 · 4 = ☐
4 · 9 = 36	6 · 8 = ☐
8 · 6 = 48	

	6 · 4 = ☐
4 · 6 = 24	7 · 6 = ☐
6 · 7 = 42	9 · 8 = ☐
8 · 9 = 72	8 · 5 = ☐
5 · 8 = 40	3 · 9 = ☐
9 · 3 = 27	5 · 2 = ☐
2 · 5 = 10	2 · 4 = ☐
4 · 2 = 8	6 · 9 = ☐
9 · 6 = 54	4 · 6 = ☐
6 · 4 = 24	7 · 8 = ☐
8 · 7 = 56	9 · 7 = ☐
7 · 9 = 63	6 · 5 = ☐
5 · 6 = 30	9 · 3 = ☐
3 · 9 = 27	6 · 10 = ☐
10 · 6 = 60	8 · 4 = ☐
4 · 8 = 32	7 · 9 = ☐
9 · 7 = 63	

Verdopple!

$2 \cdot 3 = \underline{6}$ (·2) (·2) $4 \cdot 3 = \underline{12}$

3 · 5 = ☐	☐ · 5 = ☐
2 · 8 = ☐	☐ · 8 = ☐
1 · 9 = ☐	☐ · 9 = ☐
4 · 2 = ☐	☐ · 2 = ☐
5 · 6 = ☐	☐ · 6 = ☐
3 · 8 = ☐	☐ · 8 = ☐
4 · 2 = ☐	☐ · 2 = ☐
5 · 9 = ☐	☐ · 9 = ☐
3 · 6 = ☐	☐ · 6 = ☐
4 · 3 = ☐	☐ · 3 = ☐
5 · 7 = ☐	☐ · 7 = ☐
3 · 8 = ☐	☐ · 8 = ☐
2 · 6 = ☐	☐ · 6 = ☐
3 · 7 = ☐	☐ · 7 = ☐
4 · 5 = ☐	☐ · 5 = ☐
2 · 9 = ☐	☐ · 9 = ☐
4 · 1 = ☐	☐ · 1 = ☐
5 · 3 = ☐	☐ · 3 = ☐
3 · 7 = ☐	☐ · 7 = ☐
2 · 2 = ☐	☐ · 2 = ☐

Halbiere!

$6 \cdot 4 = \underline{24}$ (:2) (:2) $3 \cdot 4 = \underline{12}$

8 · 2 = ☐	☐ · 2 = ☐
4 · 5 = ☐	☐ · 5 = ☐
10 · 3 = ☐	☐ · 3 = ☐
6 · 4 = ☐	☐ · 4 = ☐
2 · 7 = ☐	☐ · 7 = ☐
4 · 6 = ☐	☐ · 6 = ☐
8 · 3 = ☐	☐ · 3 = ☐
10 · 5 = ☐	☐ · 5 = ☐
6 · 2 = ☐	☐ · 2 = ☐
2 · 8 = ☐	☐ · 8 = ☐
2 · 9 = ☐	☐ · 9 = ☐
6 · 3 = ☐	☐ · 3 = ☐
10 · 4 = ☐	☐ · 4 = ☐
4 · 7 = ☐	☐ · 7 = ☐
8 · 4 = ☐	☐ · 4 = ☐
2 · 6 = ☐	☐ · 6 = ☐
6 · 5 = ☐	☐ · 5 = ☐
10 · 7 = ☐	☐ · 7 = ☐
4 · 9 = ☐	☐ · 9 = ☐
8 · 7 = ☐	☐ · 7 = ☐

Fülle richtig aus!

Das Einfache	Das Doppelte	Das Zehnfache	Das Fünffache
$1 \cdot 7 =$ ___	$2 \cdot 7 =$ ___	$10 \cdot 7 =$ ___	$5 \cdot 7 =$ ___
$1 \cdot 3 =$ ___	___	___	___
$1 \cdot 8 =$ ___	___	___	___
$1 \cdot 2 =$ ___	___	___	___
$1 \cdot 4 =$ ___	___	___	___
$1 \cdot 6 =$ ___	___	___	___
$1 \cdot 5 =$ ___	___	___	___
$1 \cdot 9 =$ ___	___	___	___
$1 \cdot 10 =$ ___	___	___	___

Lernschieber: Umkehraufgaben

	6 · 7 = ☐
42 : 7 = 6	6 · 4 = ☐
24 : 4 = 6	9 · 3 = ☐
27 : 3 = 9	6 · 5 = ☐
30 : 5 = 6	9 · 2 = ☐
18 : 2 = 9	8 · 8 = ☐
64 : 8 = 8	5 · 6 = ☐
30 : 6 = 5	2 · 9 = ☐
18 : 9 = 2	6 · 3 = ☐
18 : 3 = 6	9 · 7 = ☐
63 : 7 = 9	10 · 5 = ☐
50 : 5 = 10	7 · 8 = ☐
56 : 8 = 7	8 · 4 = ☐
32 : 4 = 8	3 · 6 = ☐
18 : 6 = 3	6 · 10 = ☐
60 : 10 = 6	8 · 2 = ☐
16 : 2 = 8	

	7 · 4 = ☐
28 : 4 = 7	8 · 7 = ☐
56 : 7 = 8	6 · 9 = ☐
54 : 9 = 6	9 · 8 = ☐
72 : 8 = 9	4 · 5 = ☐
20 : 5 = 4	9 · 6 = ☐
54 : 6 = 9	4 · 10 = ☐
40 : 10 = 4	5 · 9 = ☐
45 : 9 = 5	8 · 5 = ☐
40 : 5 = 8	9 · 4 = ☐
36 : 4 = 9	4 · 8 = ☐
32 : 8 = 4	8 · 3 = ☐
24 : 3 = 8	7 · 7 = ☐
49 : 7 = 7	10 · 8 = ☐
80 : 8 = 10	4 · 6 = ☐
24 : 6 = 4	8 · 9 = ☐
72 : 9 = 8	

Zerlege richtig!

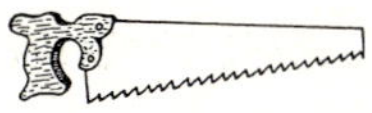

$10 \cdot 2$

6 · 2 + □ · 2
□ · 2 + □ · 2
□ · 2 + □ · 2
□ · 2 + □ · 2
□ · 2 + □ · 2

$9 \cdot 3$

□ · 3 + □ · 3
□ · 3 + □ · 3
□ · 3 + □ · 3
□ · 3 − □ · 3
□ · 3 + □ · 3

$8 \cdot 7$

□ · 7 + □ · 7
□ · 7 + □ · 7
□ · 7 − □ · 7
□ · 7 − □ · 7
□ · 7 + □ · 7

$7 \cdot 6$

□ · 6 + □ · 6
□ · 6 − □ · 6
□ · 6 − □ · 6
□ · 6 + □ · 6
□ · 6 − □ · 6

$4 \cdot 4$

□ · 4 − □ · 4
□ · 4 − □ · 4
□ · 4 + □ · 4
□ · 4 − □ · 4
□ · 4 + □ · 4

$8 \cdot 5$

□ · 5 + □ · 5
□ · 5 − □ · 5
□ · 5 + □ · 5
□ · 5 − □ · 5
□ · 5 + □ · 5

Zerlege richtig!

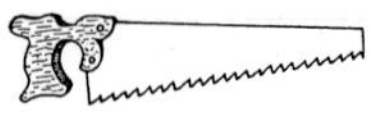

$9 \cdot 6$

$\square \cdot 6 + 2 \cdot 3$

$8 \cdot 3 + \square \cdot 6$

$5 \cdot 6 + \square \cdot 3$

$10 \cdot 6 - \square \cdot 3$

$\square \cdot 3 + 6 \cdot 6$

$8 \cdot 4$

$10 \cdot 4 - \square \cdot 2$

$\square \cdot 2 + 4 \cdot 4$

$6 \cdot 2 + \square \cdot 4$

$5 \cdot 4 + \square \cdot 2$

$3 \cdot 4 + \square \cdot 2$

$8 \cdot 5$

$4 \cdot 5 + \square \cdot 10$

$10 \cdot 5 - \square \cdot 10$

$1 \cdot \square + 6 \cdot 5$

$\square \cdot 10 + 4 \cdot 5$

$6 \cdot 5 + \square \cdot 10$

$10 \cdot 2$

$4 \cdot 2 + \square \cdot 4$

$\square \cdot 4 + 2 \cdot 2$

$\square \cdot 4 + 8 \cdot 2$

$2 \cdot \square + 3 \cdot 4$

$8 \cdot 2 + \square \cdot 4$

$10 \cdot 3$

$\square \cdot 3 + 2 \cdot 6$

$8 \cdot 3 + 1 \cdot \square$

$2 \cdot 3 + \square \cdot 6$

$3 \cdot 6 + \square \cdot 3$

$3 \cdot \square + 5 \cdot 6$

$8 \cdot 8$

$4 \cdot 8 + \square \cdot 4$

$10 \cdot 8 - \square \cdot 4$

$1 \cdot 8 + 16 \cdot \square$

$6 \cdot 4 + \square \cdot 8$

$12 \cdot 4 + \square \cdot 8$

Memory: Nachbaraufgaben zu Kernaufgaben

$6 \cdot 3 = 18$

$7 \cdot 4 = 28$

$4 \cdot 5 = 20$

$8 \cdot 9 = 72$

$2 \cdot 8 = 16$

$7 \cdot 6 = 42$

$3 \cdot 7 = 21$

$8 \cdot 2 = 16$

$5 \cdot 10 = 50$

$7 \cdot 8 = 56$

$9 \cdot 6 = 54$

$4 \cdot 9 = 36$

$5 \cdot 3 = 15$
$7 \cdot 3 = 21$

$6 \cdot 4 = 24$
$8 \cdot 4 = 32$

$3 \cdot 5 = 15$
$5 \cdot 5 = 25$

$7 \cdot 9 = 63$
$9 \cdot 9 = 81$

$1 \cdot 8 = 8$
$3 \cdot 8 = 24$

$6 \cdot 6 = 36$
$8 \cdot 6 = 48$

$2 \cdot 7 = 14$
$4 \cdot 7 = 28$

$7 \cdot 2 = 14$
$9 \cdot 2 = 18$

$4 \cdot 10 = 40$
$6 \cdot 10 = 60$

$6 \cdot 8 = 48$
$8 \cdot 8 = 64$

$8 \cdot 6 = 48$
$10 \cdot 6 = 60$

$3 \cdot 9 = 27$
$5 \cdot 9 = 45$

$6 \cdot 3 - 1 \cdot 3$
$6 \cdot 3 + 1 \cdot 3$

$7 \cdot 4 - 1 \cdot 4$
$7 \cdot 4 + 1 \cdot 4$

$4 \cdot 5 - 1 \cdot 5$
$4 \cdot 5 + 1 \cdot 5$

$8 \cdot 9 - 1 \cdot 9$
$8 \cdot 9 + 1 \cdot 9$

$2 \cdot 8 - 1 \cdot 8$
$2 \cdot 8 + 1 \cdot 8$

$7 \cdot 6 - 1 \cdot 6$
$7 \cdot 6 + 1 \cdot 6$

$3 \cdot 7 - 1 \cdot 7$
$3 \cdot 7 + 1 \cdot 7$

$8 \cdot 2 - 1 \cdot 2$
$8 \cdot 2 + 1 \cdot 2$

$5 \cdot 10 - 1 \cdot 10$
$5 \cdot 10 + 1 \cdot 10$

$7 \cdot 8 - 1 \cdot 8$
$7 \cdot 8 + 1 \cdot 8$

$9 \cdot 6 - 1 \cdot 6$
$9 \cdot 6 + 1 \cdot 6$

$4 \cdot 9 - 1 \cdot 9$
$4 \cdot 9 + 1 \cdot 9$

2. Der Zahlenraum bis 1000

2.1 Darstellen von Zahlen bis 1000

Stöpselkarte: Darstellen von Zahlen

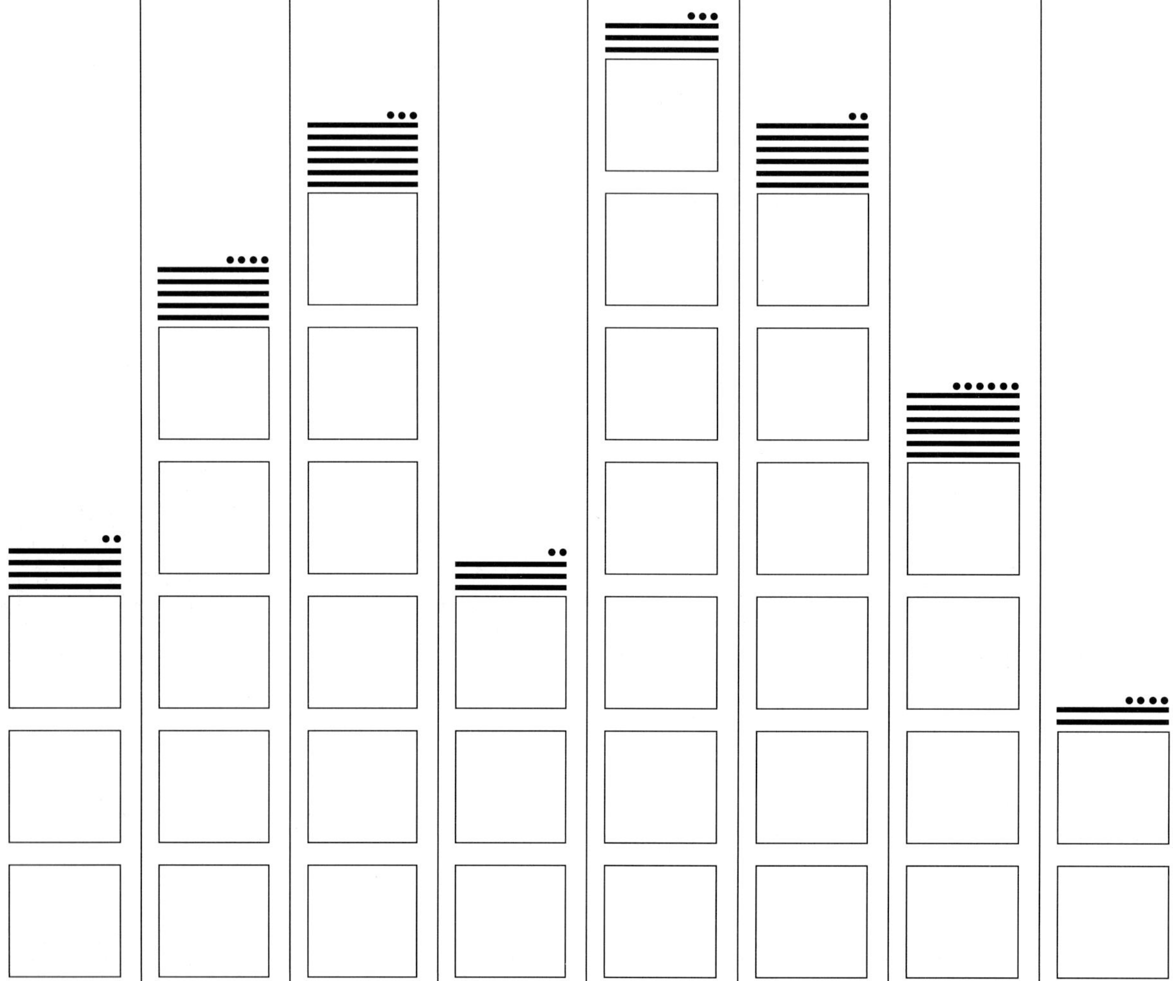

Stöpsle die richtige Zahl!

3H 4Z 2E	3H 3Z 3E
5H 4Z 4E	5H 5Z 4E
6H 6Z 3E	6H 5Z 3E
2H 4Z 4E	3H 3Z 2E
7H 3Z 3E	8H 8Z 4E
5H 5Z 2E	6H 6Z 2E
3H 4Z 4E	4H 6Z 6E
2H 2Z 4E	3H 2Z 4E

234

576

343

213

402

323

461

214

153

383

177

243

2H 3Z 4E

5H 7Z 6E

3H 4Z 3E

2H 1Z 3E

4H 2E

3H 2Z 3E

4H 6Z 1E

2H 1Z 4E

1H 5Z 3E

3H 8Z 3E

1H 7Z 7E

2H 4Z 3E

Klammerkarten: Zerlegen von Zahlen in H, Z, E

Klammere in der richtigen Farbe: grün = richtig, rot = falsch!			
887	8 H	8 Z	7 E
423	3 H	2 Z	4 E
536	5 H	3 Z	6 E
201	2 H	0 Z	1 E
395	9 H	5 Z	3 E
402	4 H	2 Z	0 E
520	5 H	0 Z	2 E
635	6 H	3 Z	5 E

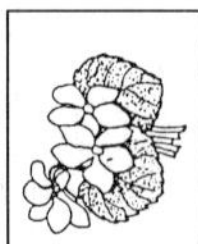

Klammere in der richtigen Farbe: grün = richtig, rot = falsch!			
206	2 H	6 Z	0 E
387	3 H	8 Z	7 E
473	7 H	4 Z	3 E
130	1 H	0 Z	3 E
717	7 H	1 Z	7 E
895	5 H	9 Z	8 E
331	3 H	1 Z	3 E
404	4 H	0 Z	4 E

Stöpsle in der richtigen Farbe: > gelb, < rot, = grün!

4H 5Z 4E ◯ 445	5H 5Z 6E ◯ 565	1H 8Z 2E ◯ 128
6H 8Z 6E ◯ 866	3H 4Z 2E ◯ 234	5H 3Z 2E ◯ 352
3H 3Z 5E ◯ 533	3H 0Z 2E ◯ 320	6H 5Z 6E ◯ 665
2H 5Z 7E ◯ 527	5H 3Z 0E ◯ 503	8H 3Z 5E ◯ 538
5H 3Z 2E ◯ 532	9H 9Z 8E ◯ 998	9H 3Z 7E ◯ 937
3H 9Z 8E ◯ 389	6H 5Z 4E ◯ 645	4H 4Z 9E ◯ 494
4H 8Z 0E ◯ 408	2H 3Z 4E ◯ 243	8H 2Z 2E ◯ 822
4H 9Z 6E ◯ 496	7H 6Z 1E ◯ 671	5H 5Z 0E ◯ 505

Verbinde jedes Wort mit der richtigen Zahl!

fünfhundertvier

einhundertzweiundsiebzig

dreihundertsiebenundvierzig

dreihundertzweiundachtzig

zweihunderteins

achthundertachtundzwanzig

neunhundertsechsundsechzig

sechshundertneununddreißig

sechshundertachtzehn

neunhundert-
sechsundzwanzig

zweihundertneun-
undneunzig

siebenhundert-
einundsiebzig

einhundert-
zweiundzwanzig

fünfhundert-
fünfundfünfzig

dreihundertelf

vierhundert-
dreiunddreißig

siebenhundert-
siebenundfünfzig

Folienkarte „Schildkröte“: Nachbarzahlen

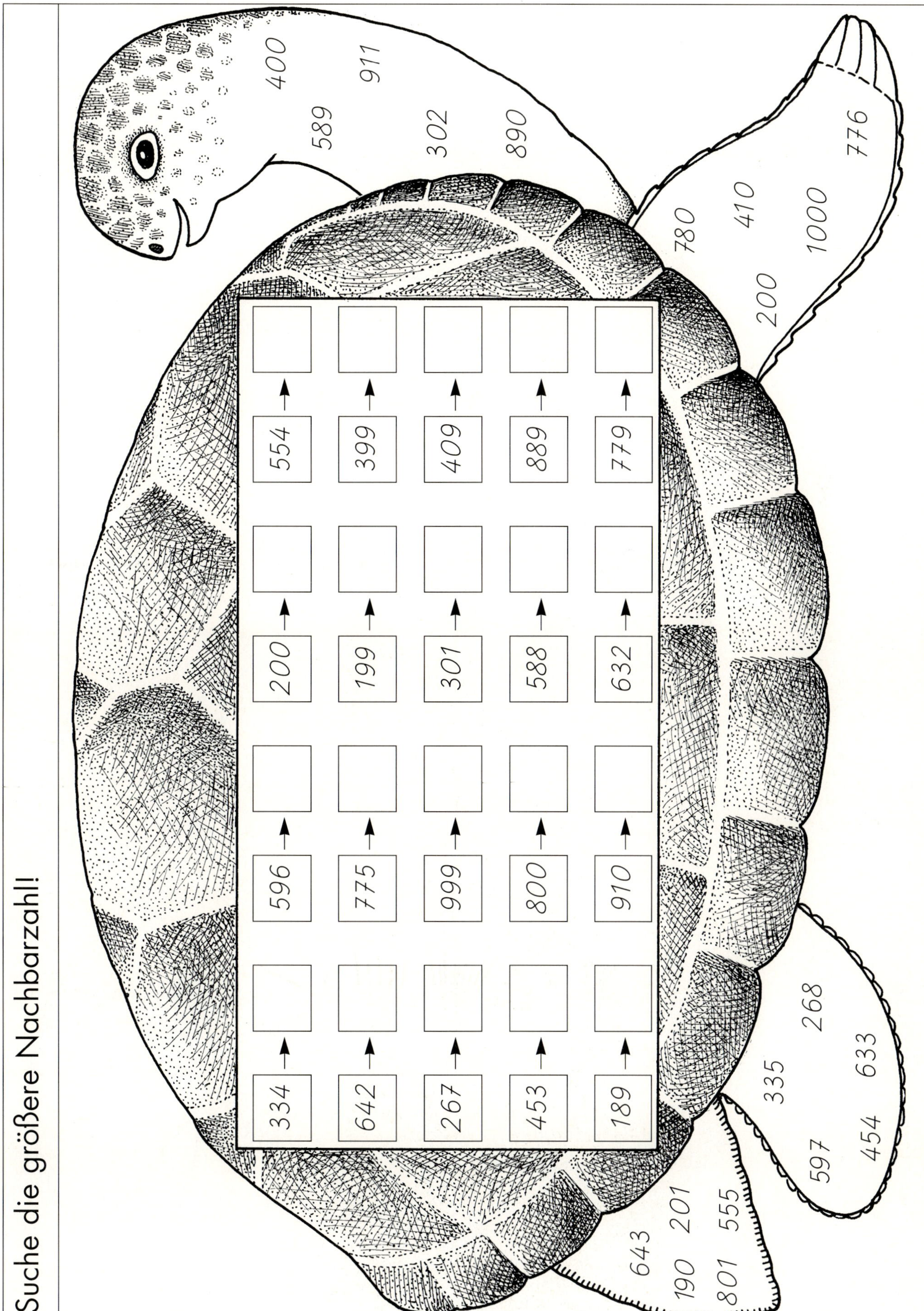

Suche die kleinere Nachbarzahl!

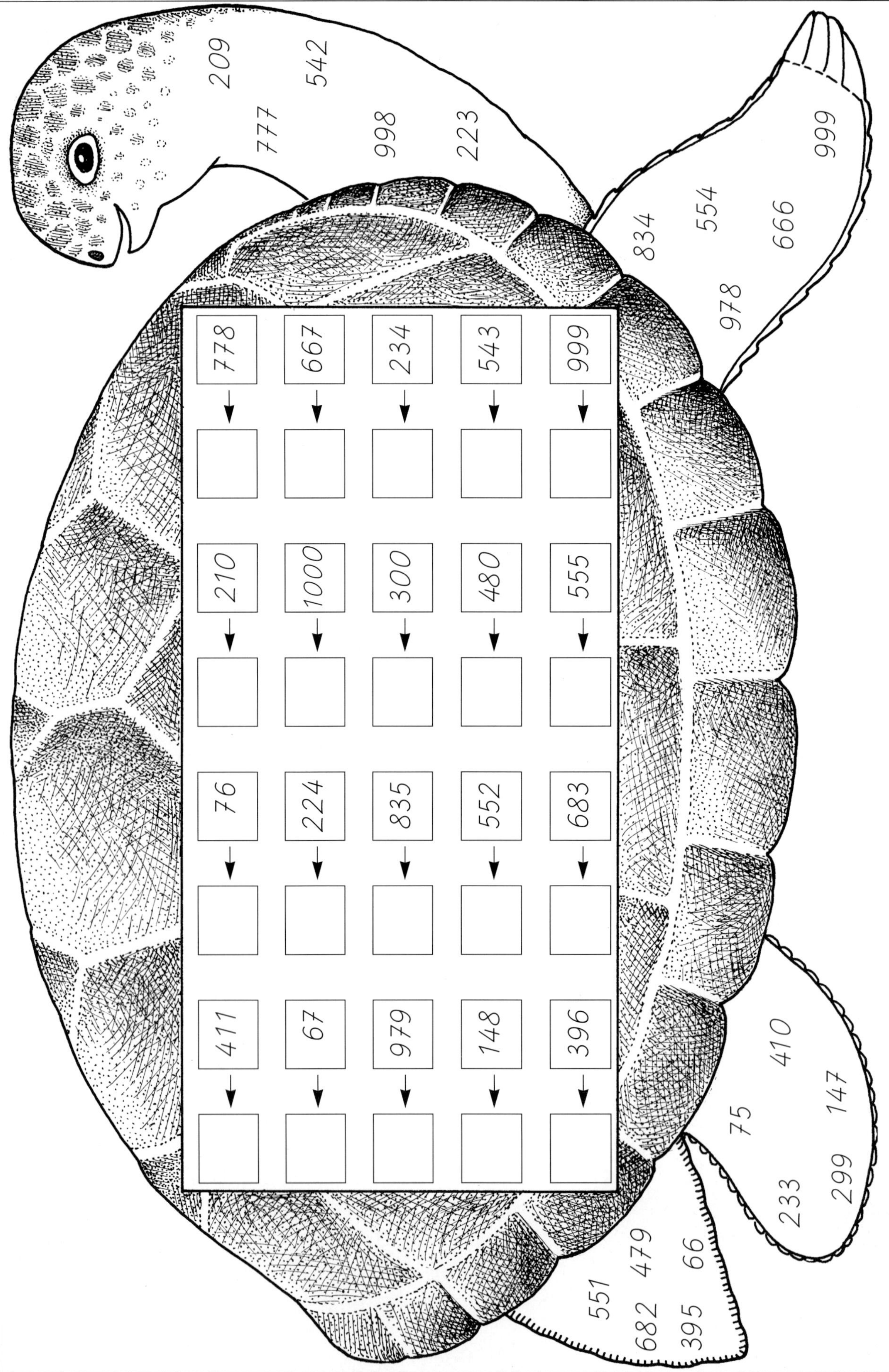

Folienkarten: Nachbarzahlen →L

Suche die Nachbarzahlen!

	125	
	263	
	681	
	935	
	717	
	801	
	579	
	358	

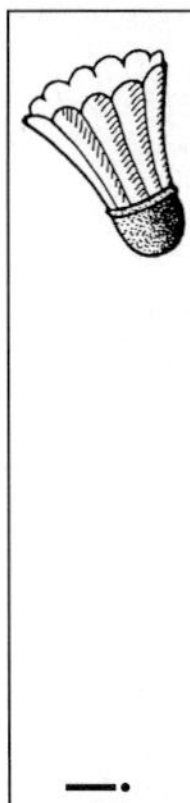

Suche die Nachbarzahlen!

	220	
	999	
	427	
	115	
	562	
	300	
	698	
	709	

Stöpsle die größte Zahl rot, die kleinste grün!

384	284	385	438	383	483
415	145	425	451	514	615
235	352	236	325	632	523
341	296	314	431	831	148
456	946	541	148	732	634
525	632	552	125	255	144
716	116	717	417	617	171
693	633	384	936	396	536

Stöpsle die größte Zahl rot, die kleinste grün!

316	361	184	306	256	480
525	515	255	552	725	752
810	801	334	381	819	986
126	302	113	412	26	621
453	543	810	435	801	853
521	512	152	125	522	622
436	696	438	991	437	128
212	612	221	911	211	484

Stöpsle in der richtigen Farbe: > gelb, < rot, = grün!

384 ○ 483	123 ○ 312	664 ○ 466
526 ○ 288	244 ○ 424	813 ○ 831
291 ○ 192	312 ○ 132	702 ○ 207
337 ○ 733	776 ○ 667	481 ○ 418
812 ○ 821	445 ○ 544	336 ○ 633
904 ○ 940	710 ○ 743	448 ○ 844
324 ○ 342	817 ○ 817	526 ○ 625
998 ○ 989	553 ○ 335	314 ○ 413

Klammere die richtigen Ergebnisse! 

955		934
835	○ < 935	953
124		937
248		612
548	○ > 448	449
549		819
338		637
676	667 > ○	367
448		512
691		348
512	384 < ○	484
112		584

Klammere die richtigen Ergebnisse! 

512		132
213	312 > ○	408
634		308
948		448
884	484 < ○	584
408		484
815		518
85	○ < 185	184
185		285
933		803
845	833 > ○	733
338		383

Folienkarte: Bilden von Zahlen aus Ziffern →L

Bilde mit den vorgegebenen Ziffern sechs verschiedene dreistellige Zahlen!
Du darfst jede Ziffer in jeder Zahl nur einmal verwenden.

H	Z	E

5, 1, 2

H	Z	E

8, 7, 3

H	Z	E

9, 7, 6

H	Z	E

2, 3, 4

H	Z	E

6, 3, 1

H	Z	E

2, 4, 3

Lernschieber: Zerlegen von HZE in H + Z + E

	382 =
300 + 80 + 2	422 =
400 + 20 + 2	112 =
100 + 10 + 2	681 =
600 + 80 + 1	596 =
500 + 90 + 6	871
800 + 70 + 1	934
900 + 30 + 4	

	763 =
700 + 60 + 3	222 =
200 + 20 + 2	544 =
500 + 40 + 4	123 =
100 + 20 + 3	765 =
700 + 60 + 5	486 =
400 + 80 + 6	651 =
600 + 50 + 1	

Stöpsle richtig!			
800 + 30 =	830	803	308
400 + 8 =	804	408	480
600 + 50 + 6 =	566	665	656
200 + 40 + 3 =	243	234	432
900 + 90 + 1 =	199	991	919
600 + 60 =	660	606	66
300 + 40 + 3 =	433	334	343
800 + 3 =	803	830	83

Stöpsle richtig!			
300 + 80 + 2 =	328	382	832
400 + 50 + 3 =	453	543	354
900 + 70 =	97	790	970
600 + 30 + 4 =	634	364	463
500 + 20 + 1 =	125	521	512
300 + 30 =	33	303	330
600 + 20 + 3 =	623	326	263
700 + 70 + 2 =	772	277	727

Domino: Bilden von Zahlen aus H + Z + E

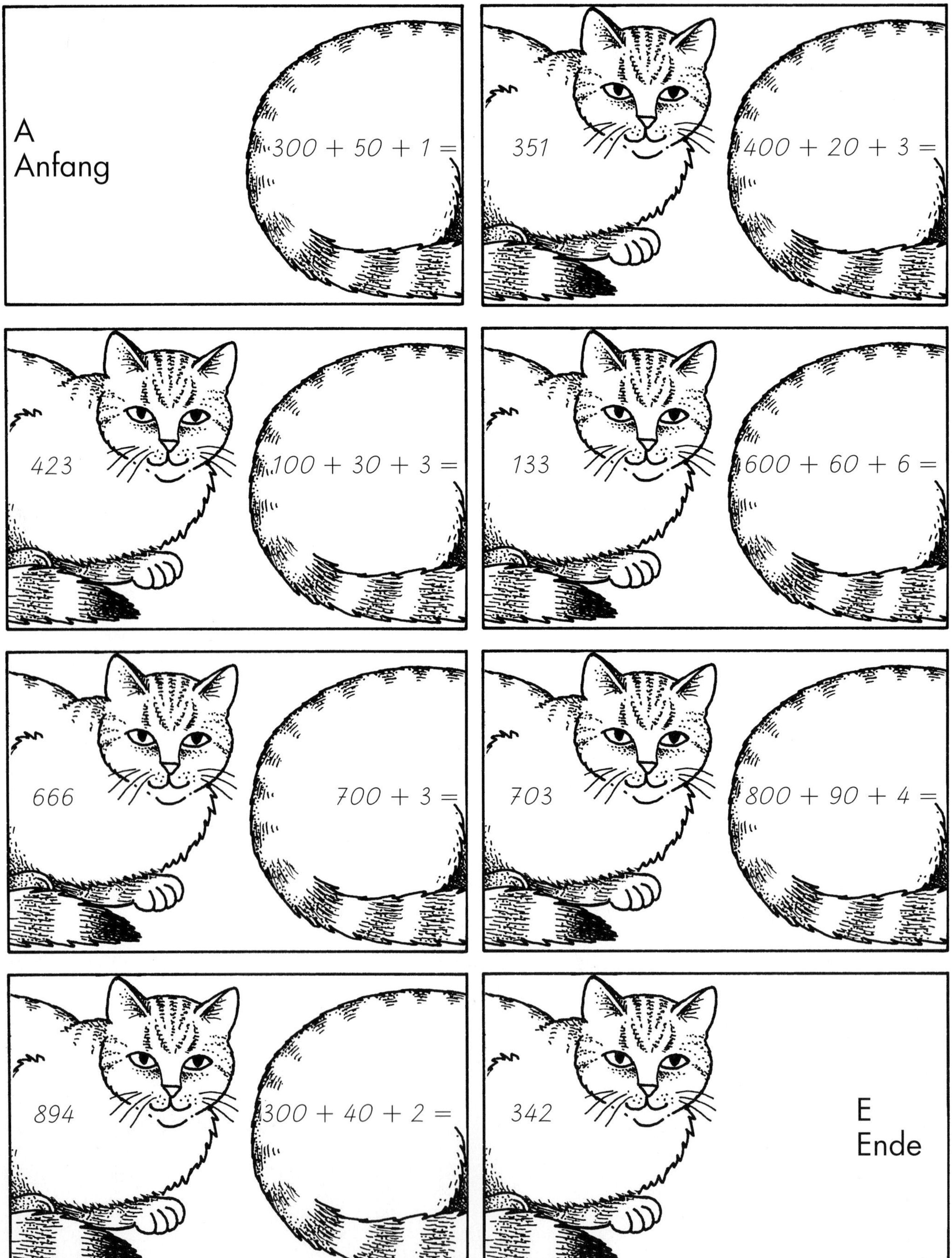

2.4 Rechnen im Zahlenraum bis 1000 ohne Überschreitung

Auftragsscheibe:
Verdoppeln (D)/
Halbieren (H)
von H-Zahlen

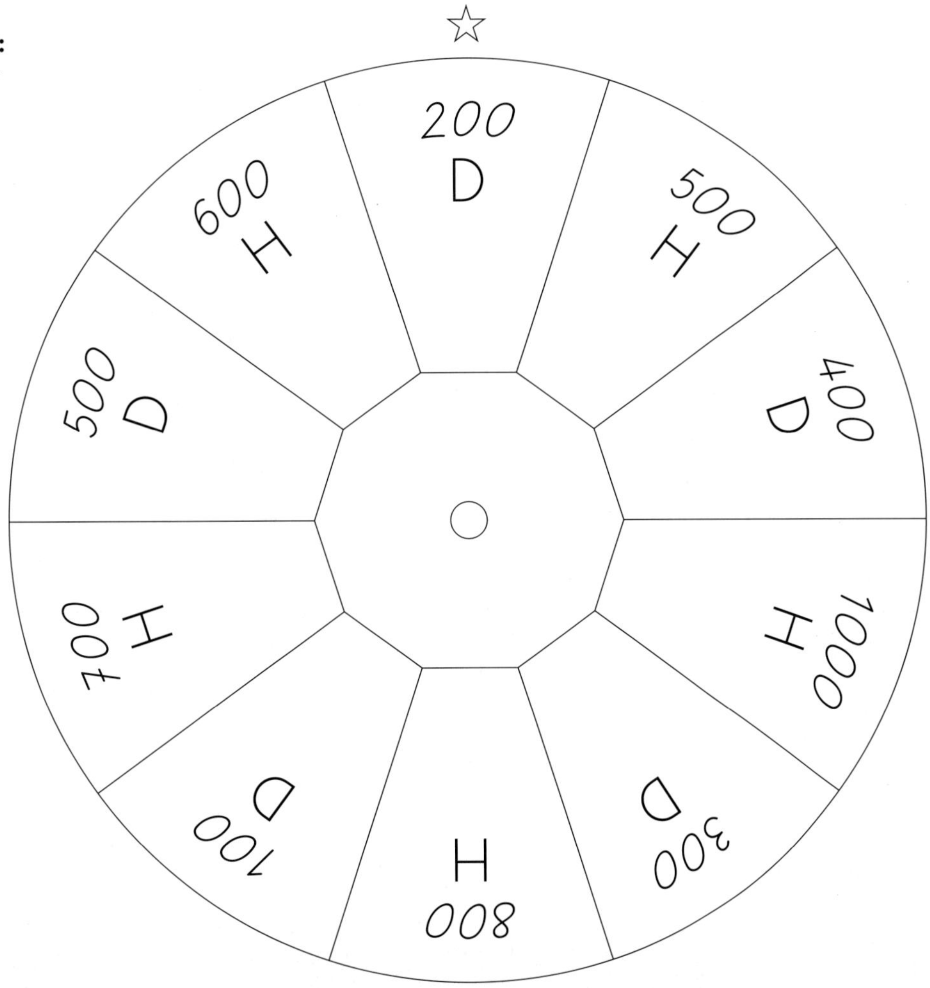

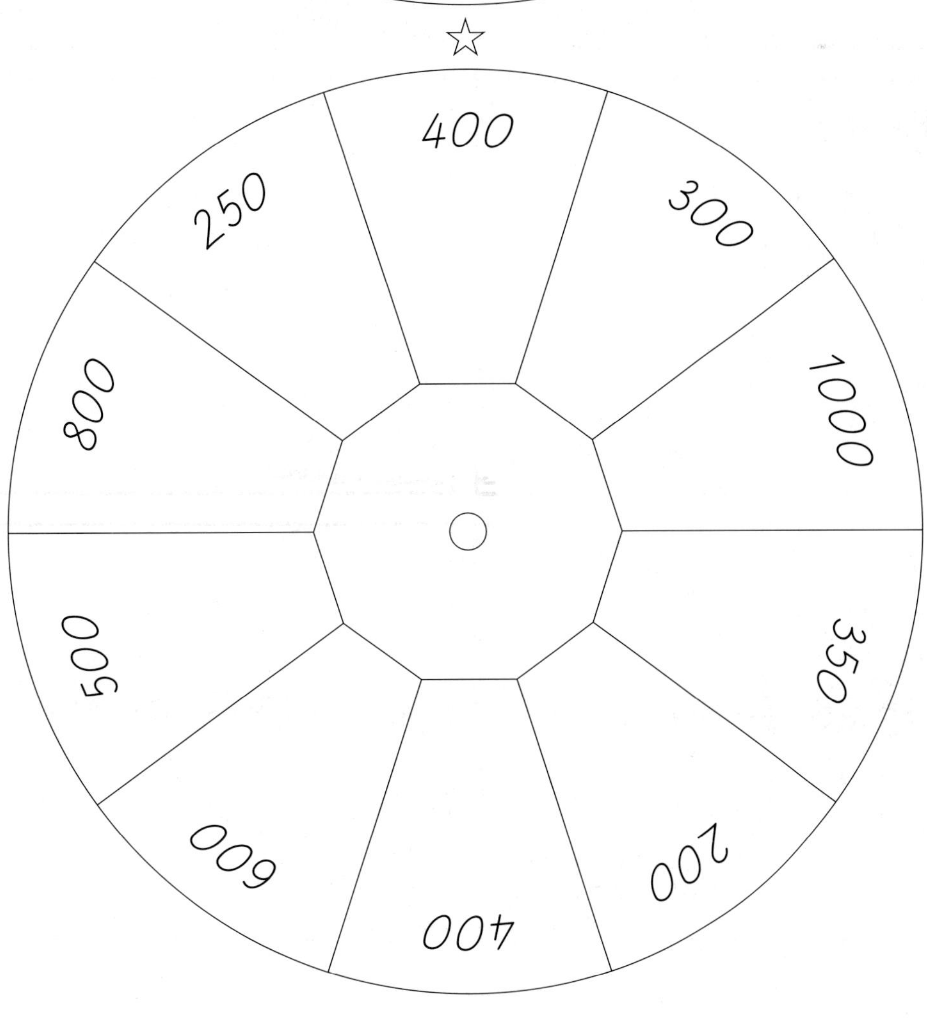

Auftragsscheibe: Rechnen mit H-Zahlen

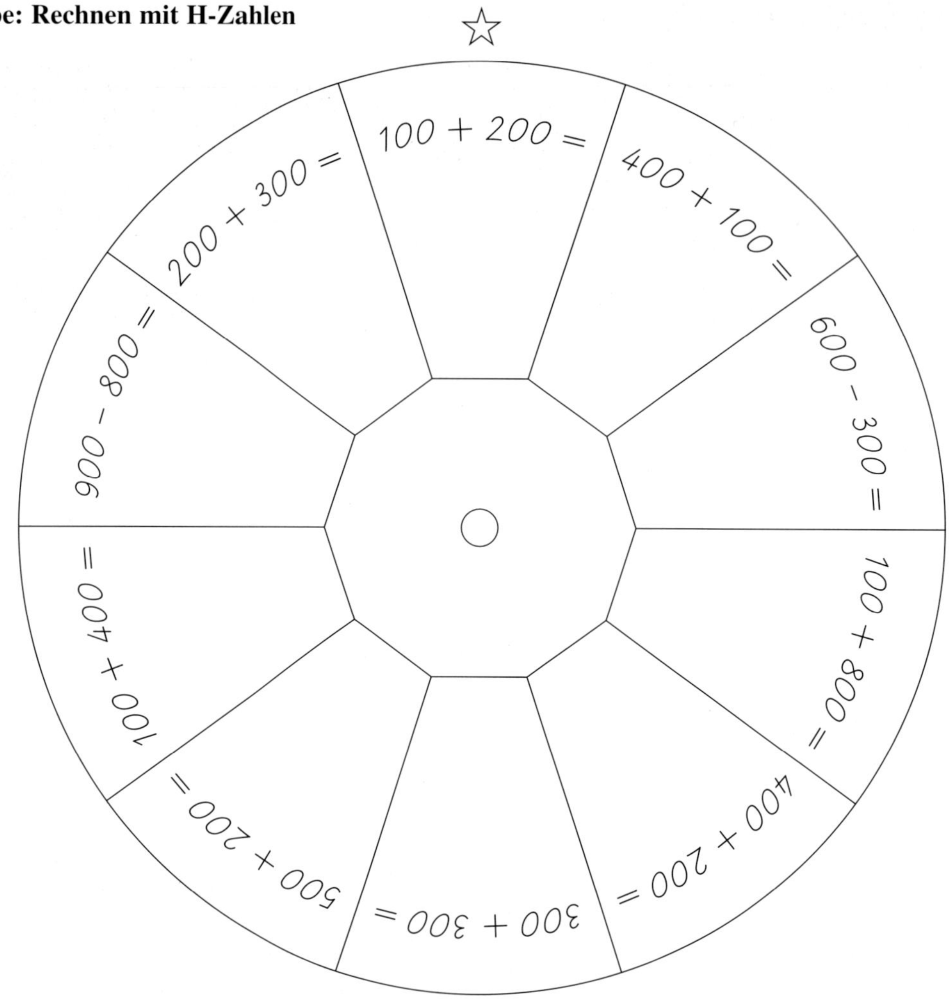

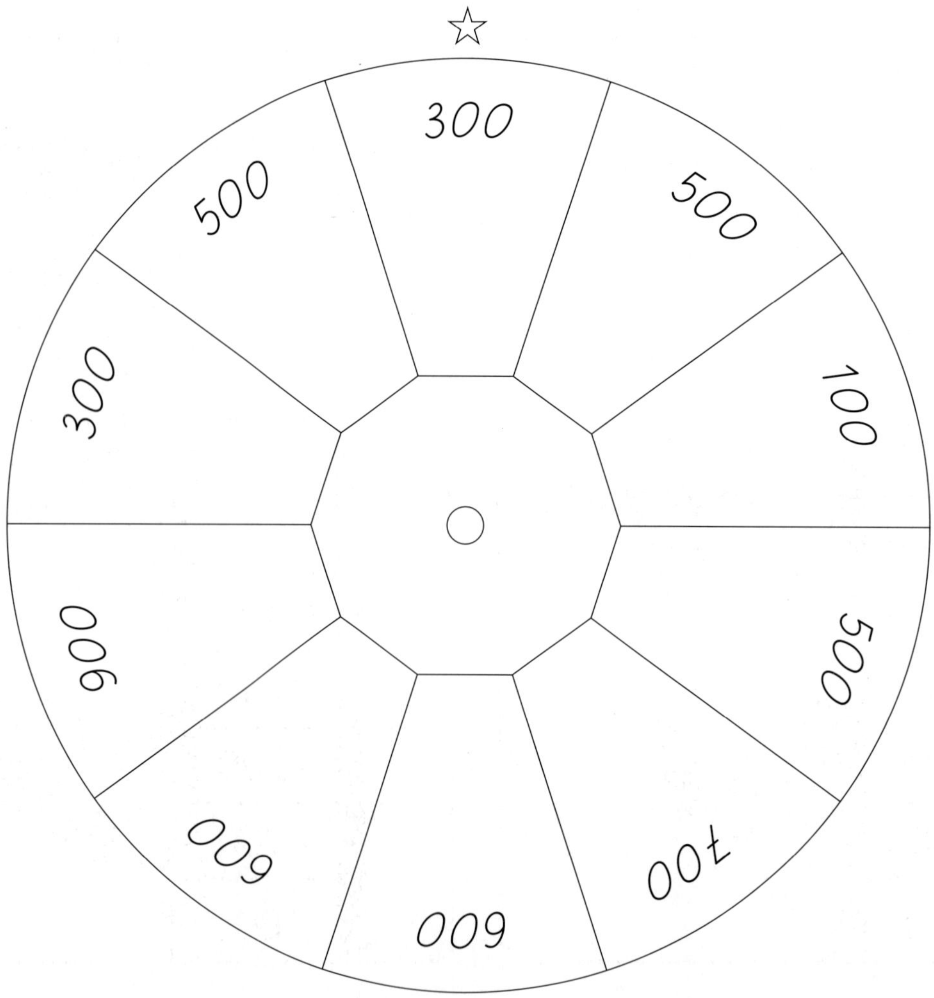

Kletterkarten: Rechnen mit H-Zahlen →L

Finde die fehlenden Zahlen!

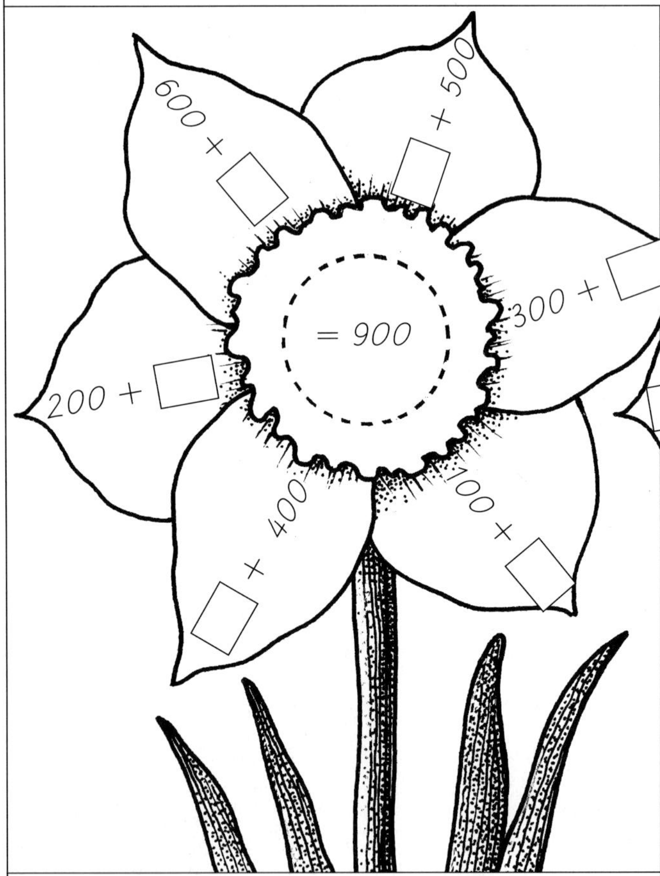

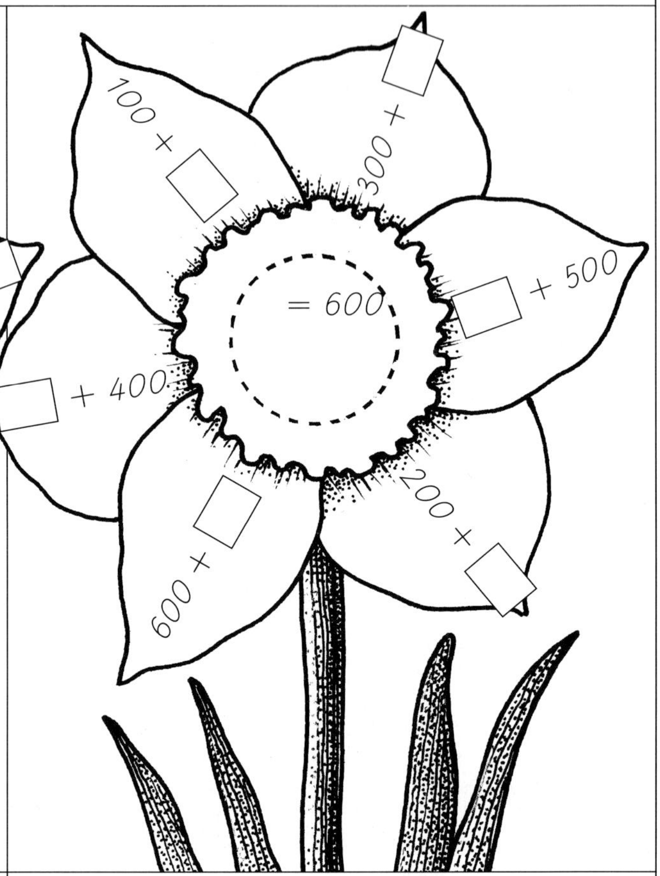

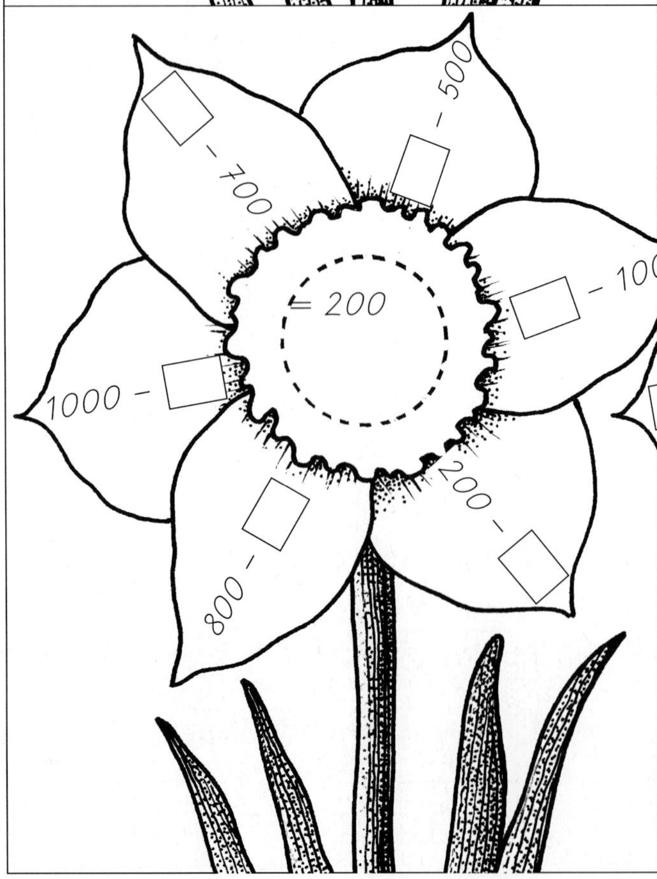

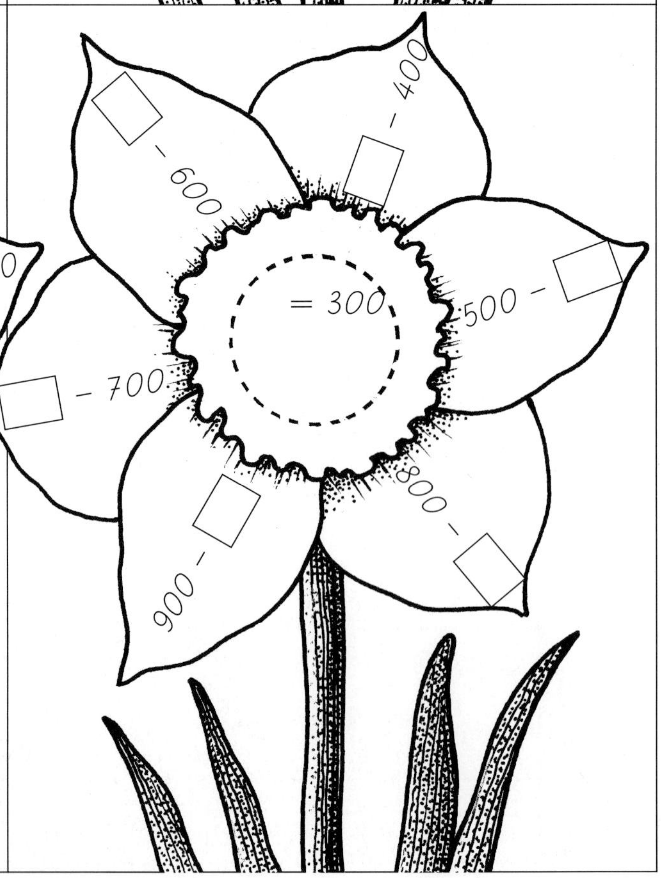

Domino: Ergänzen auf 1000

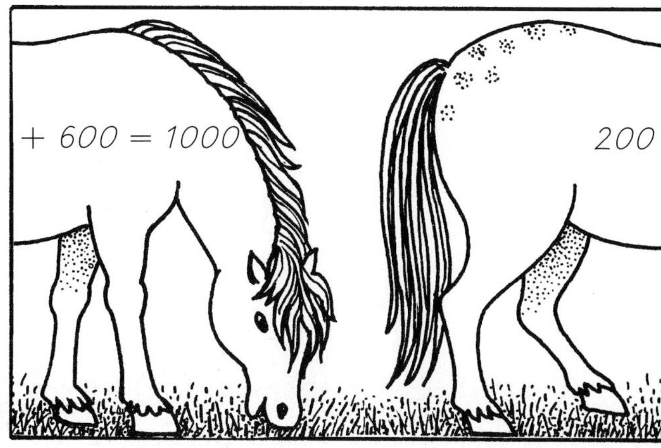

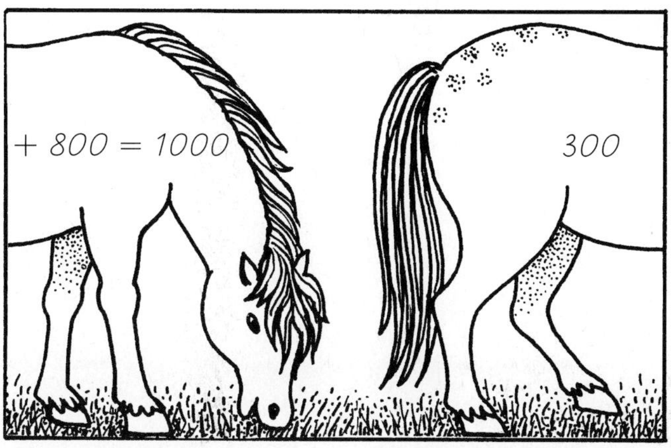

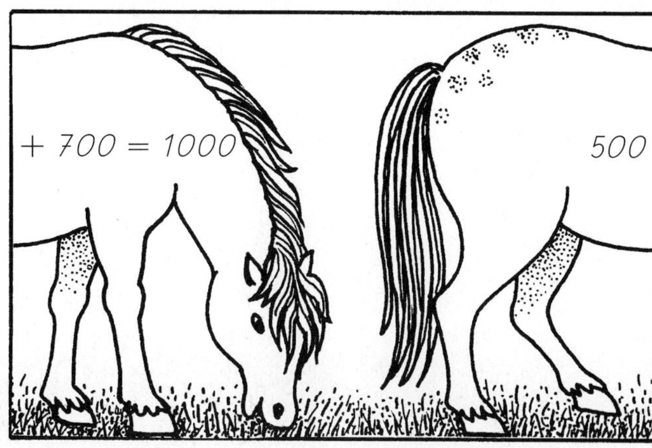

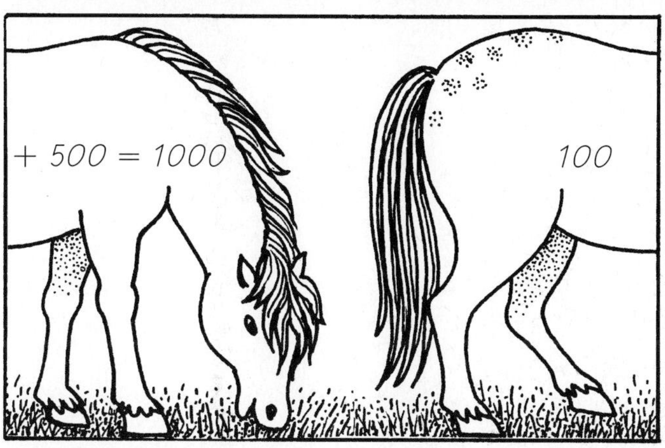

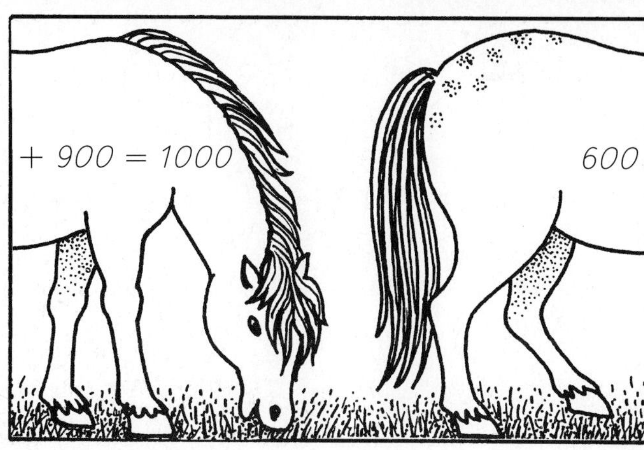

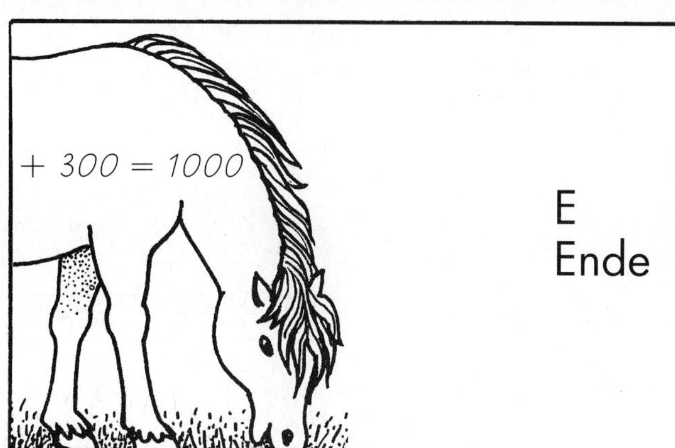

Verbinde drei Schneemannteile so miteinander, dass das Ergebnis entsteht!

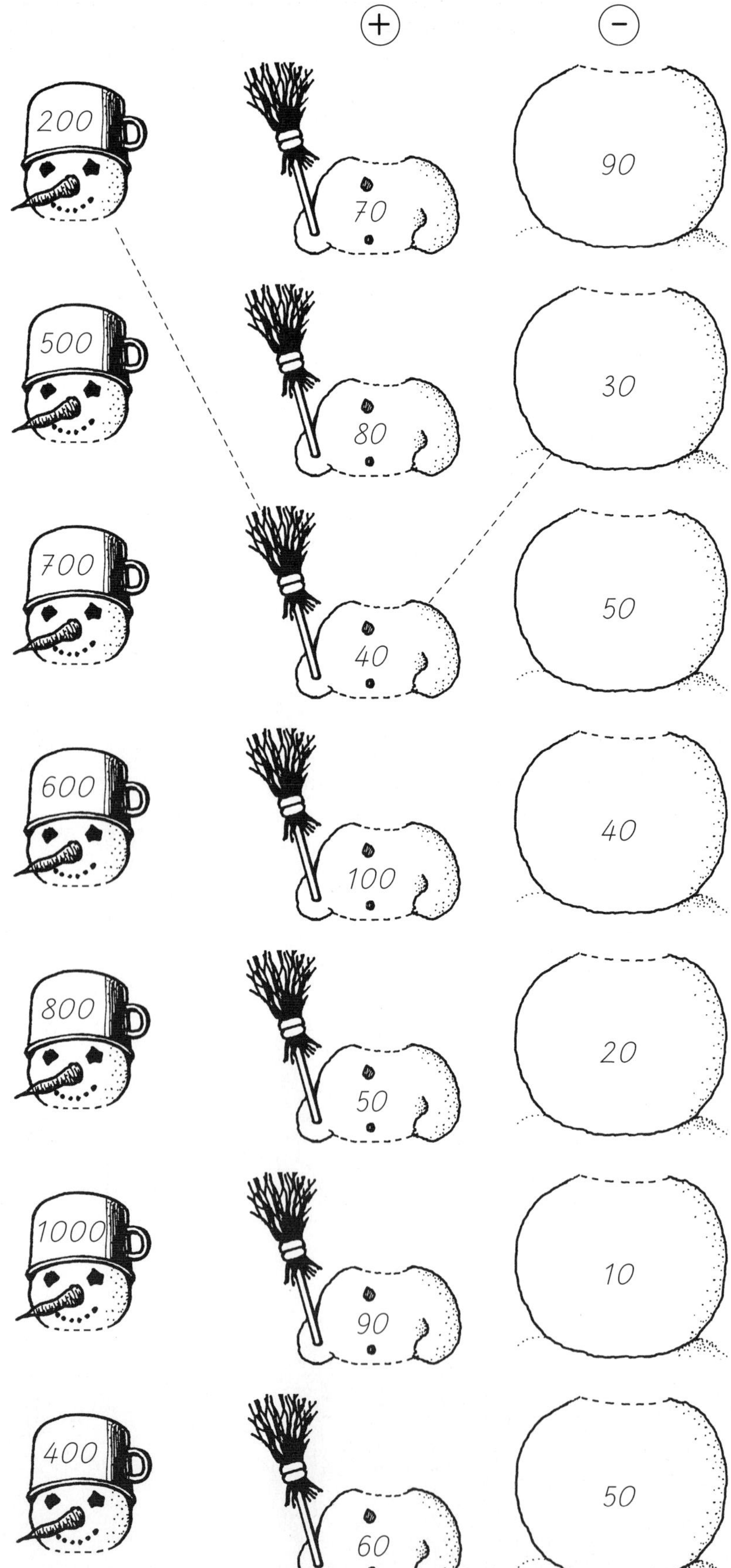

200 + 40 − 30 = 210

500 + □ − 40 = 550

700 + 80 − □ = 760

600 + □ − 10 = 650

800 + 70 − □ = 820

1000 + □ − □ = 1000

400 + □ − □ = 410

Stöpsle die Zahl, die bis zum nächsten Hunderter fehlt! 

240	30	60	50
150	50	60	40
660	10	40	60
980	30	40	20
450	50	40	60
210	80	90	70
180	30	10	20
440	50	80	60

Stöpsle die Zahl, die bis zum nächsten Hunderter fehlt! 

550	40	50	60
630	70	80	90
770	40	30	60
250	40	60	50
370	20	10	30
480	80	20	30
510	90	80	30
620	80	30	10

Klammere die richtige Lösung!

690		450
780	620 + 170 =	790
340		320
510		720
350	310 + 580 =	630
890		460
520		480
390	220 + 160 =	360
380		670
780		790
480	340 + 450 =	760
870		960

Klammere die richtige Lösung!

360		460
480	240 + 120 =	350
140		540
720		680
590	380 + 110 =	490
480		690
420		380
670	430 + 260 =	590
690		340
540		690
800	540 + 260 =	720
320		660

Klammere die richtige Lösung!

690		720
730	940 – 210 =	130
370		540
270		740
710	850 – 130 =	820
620		720
320		420
220	780 – 460 =	310
330		360
510		150
160	470 – 320 =	790
250		140

Klammere die richtige Lösung!

70		340
160	580 – 520 =	60
200		50
140		330
30	990 – 860 =	130
120		230
240		420
410	870 – 630 =	400
230		280
130		140
990	630 – 510 =	230
120		320

Domino: H +/– E

A
Anfang
700 + 7 =

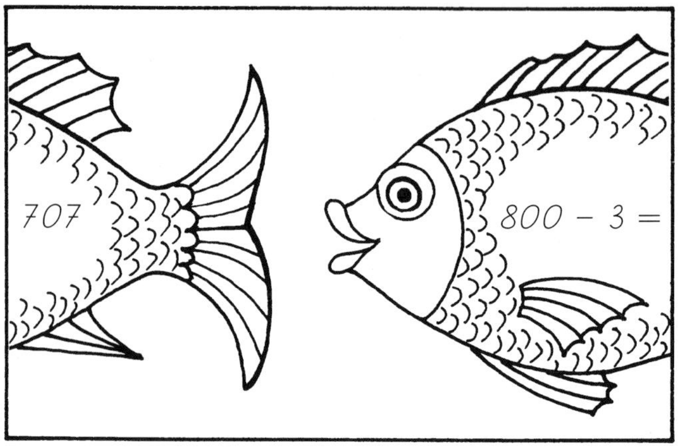
707
800 – 3 =

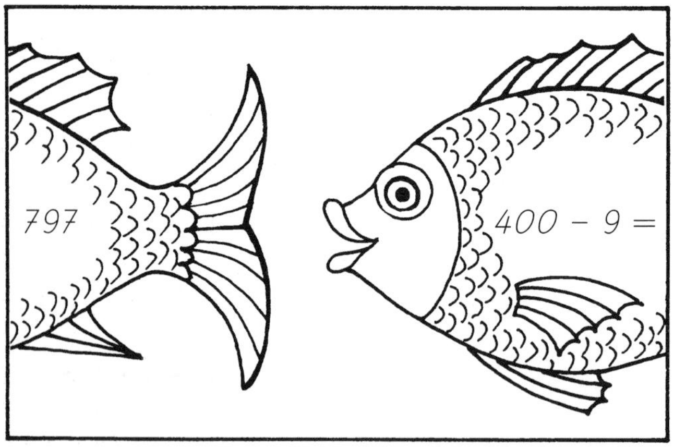
797
400 – 9 =

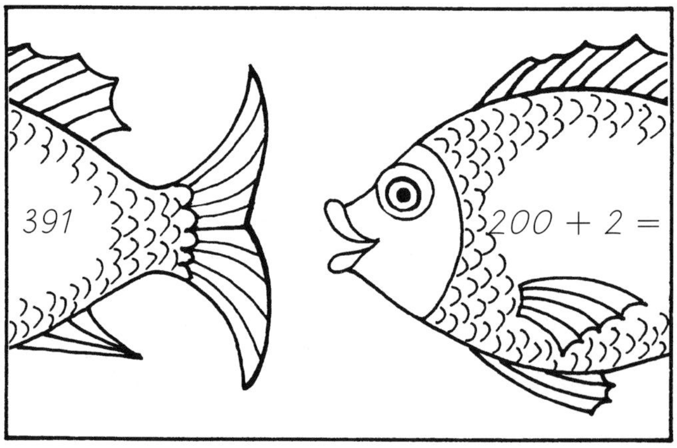
391
200 + 2 =

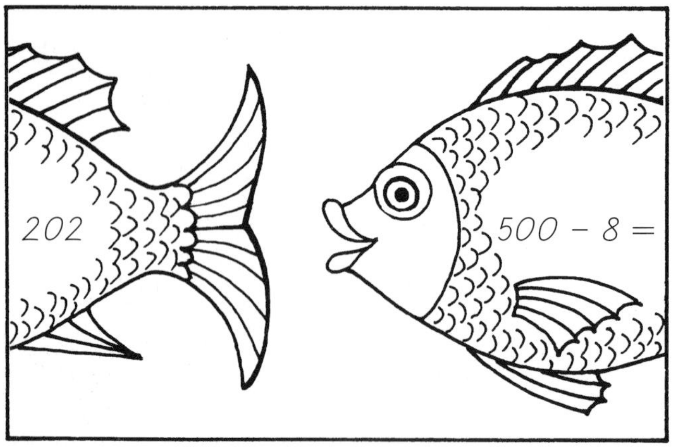
202
500 – 8 =

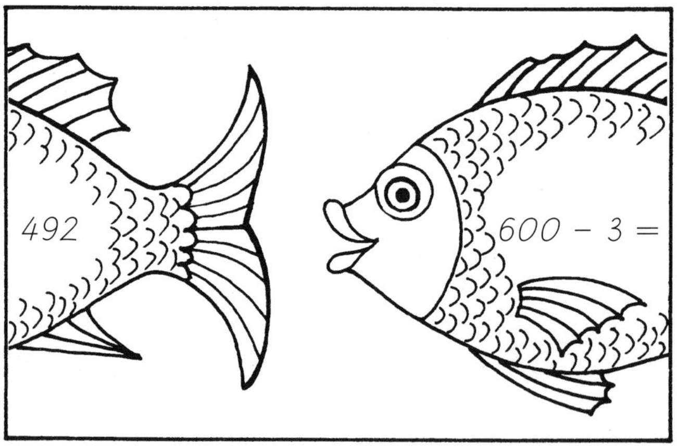
492
600 – 3 =

597
900 + 1 =

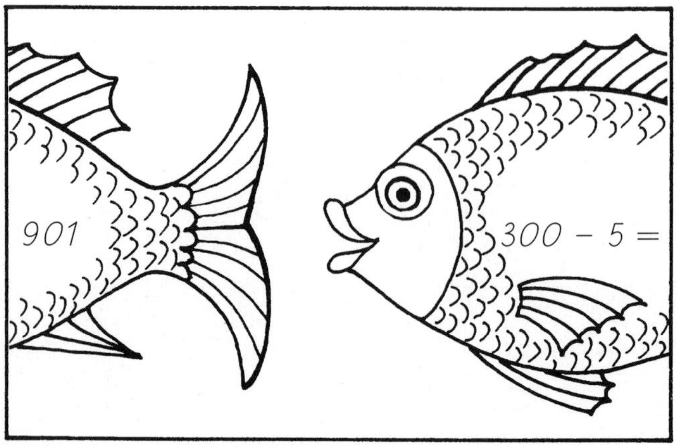
901
300 – 5 =

Domino: H +/– E

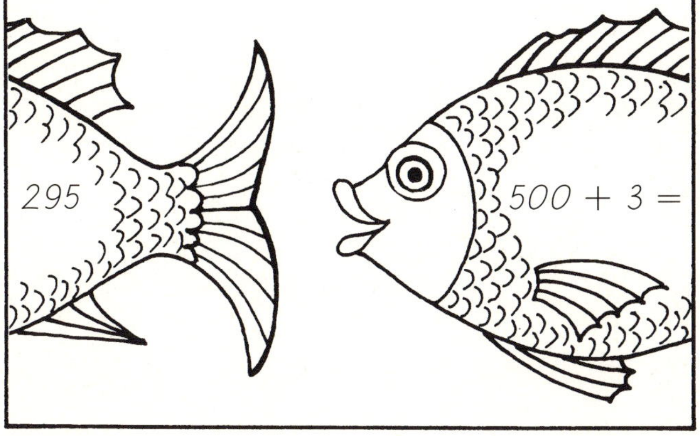
295
500 + 3 =

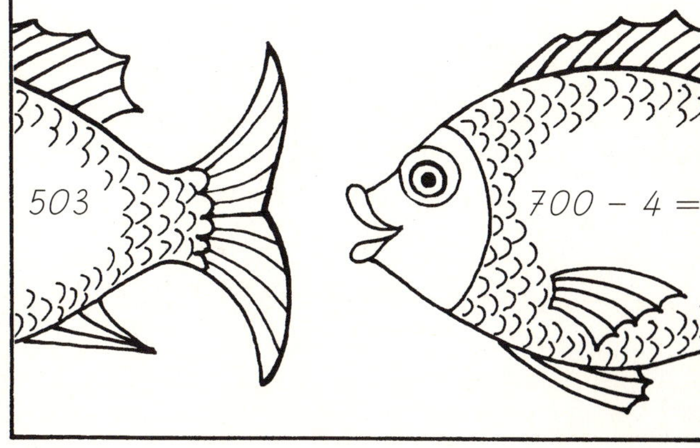
503
700 – 4 =

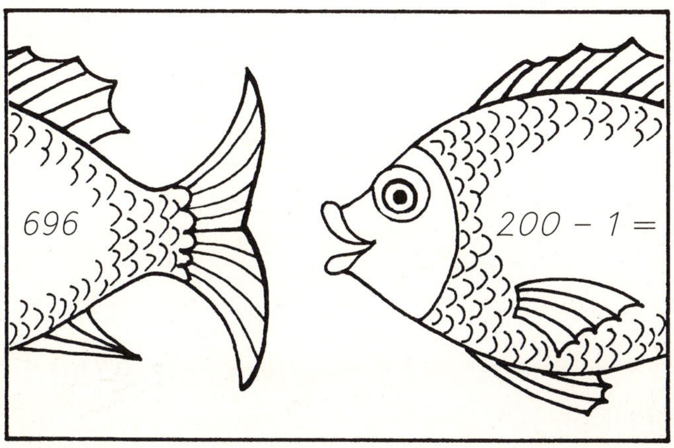
696
200 – 1 =

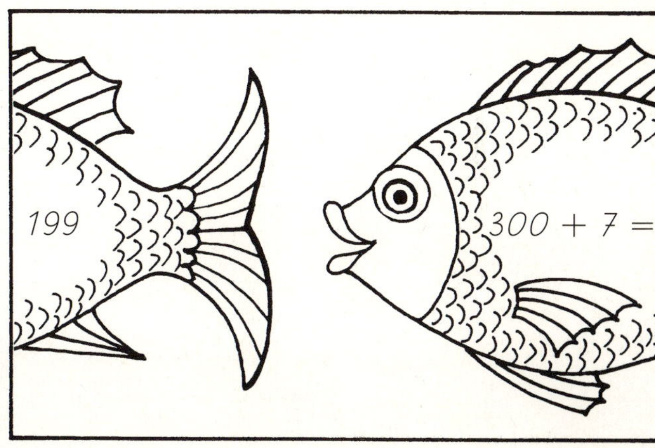
199
300 + 7 =

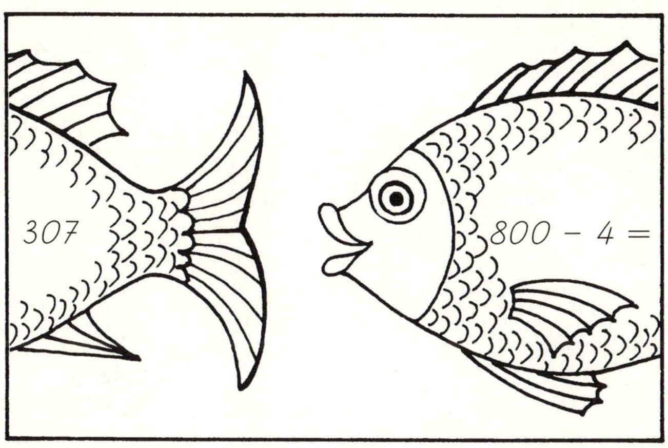
307
800 – 4 =

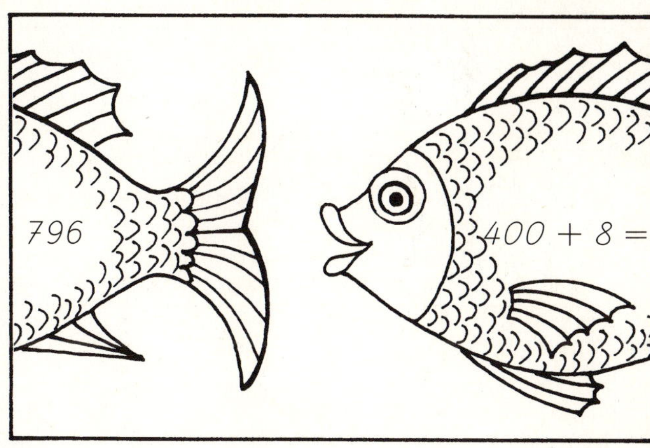
796
400 + 8 =

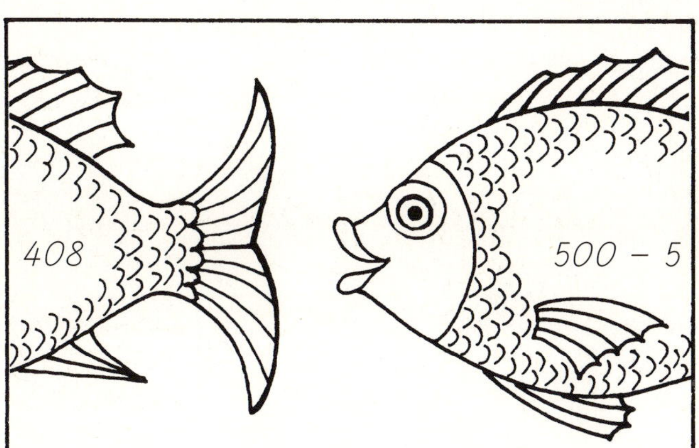
408
500 – 5

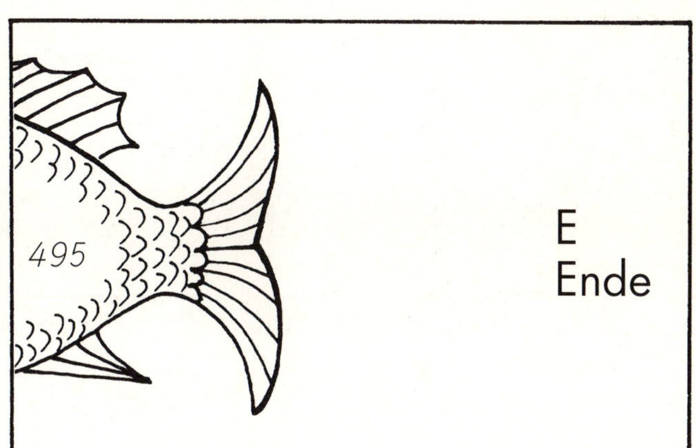
495
E
Ende

Domino: H +/– ZE

A Anfang	800 + 13 =	813 400 + 56 =	456 500 + 67 =	567 800 + 32 =
832 700 + 47 =	747 600 + 73 =	673 800 + 93 =	893 200 + 54 =	
254 500 + 13 =	513 300 + 84 =	384 500 + 95 =	595	E Ende

A Anfang	864 – □ = 800	64 926 – □ = 900	26 453 – □ = 400	53 898 – □ = 800
98 126 – □ = 100	26 353 – □ = 300	53 411 – □ = 400	11 539 – □ = 500	
39 719 – □ = 700	19 631 – □ = 600	31 299 – □ = 200	99	E Ende

A Anfang	700 + 14 =	714 454 – □ = 400	54 388 – □ = 300	88 200 + 96 =
296 400 + 66 =	466 332 – □ = 300	32 811 – □ = 800	11 926 – □ = 900	
26 538 – □ = 500	38 600 + □ = 654	54 751 – □ = 700	51	E Ende

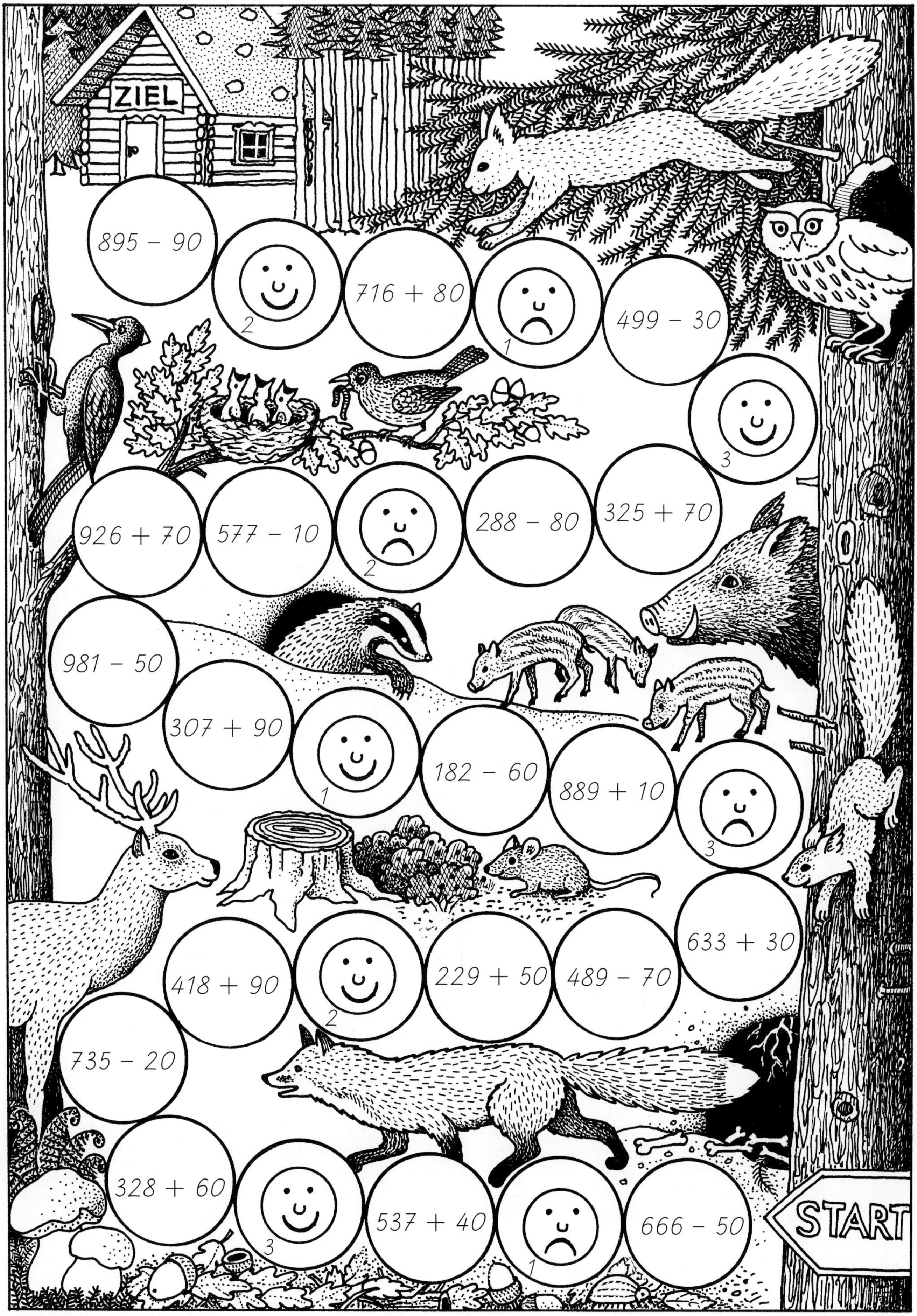
ZIEL
895 – 90
2
716 + 80
1
499 – 30
3
325 + 70
288 – 80
2
577 – 10
926 + 70
981 – 50
307 + 90
1
182 – 60
889 + 10
3
633 + 30
489 – 70
229 + 50
2
418 + 90
735 – 20
328 + 60
3
537 + 40
1
666 – 50
START

Ergänze die fehlenden Zahlen!

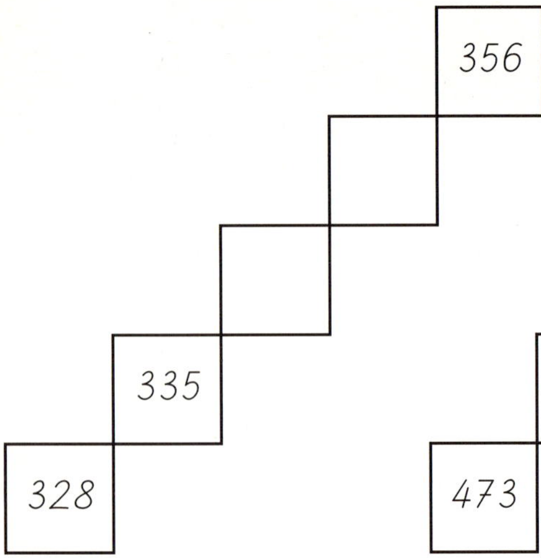

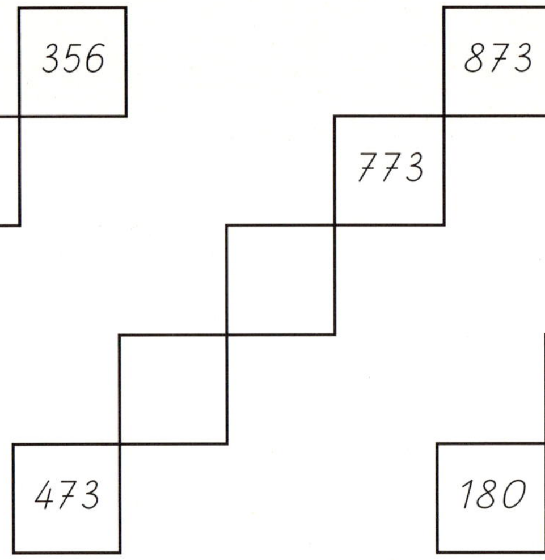

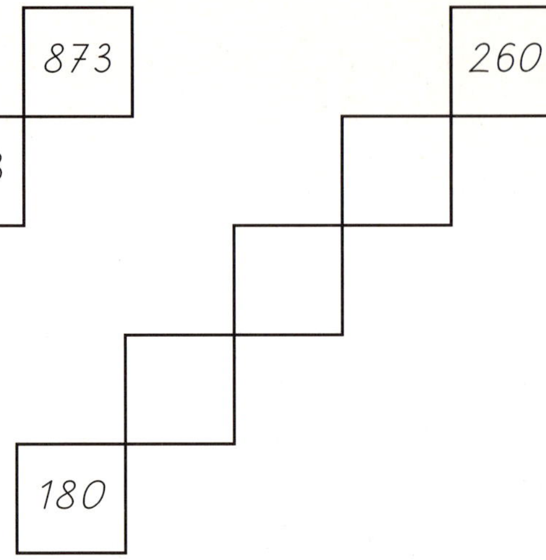

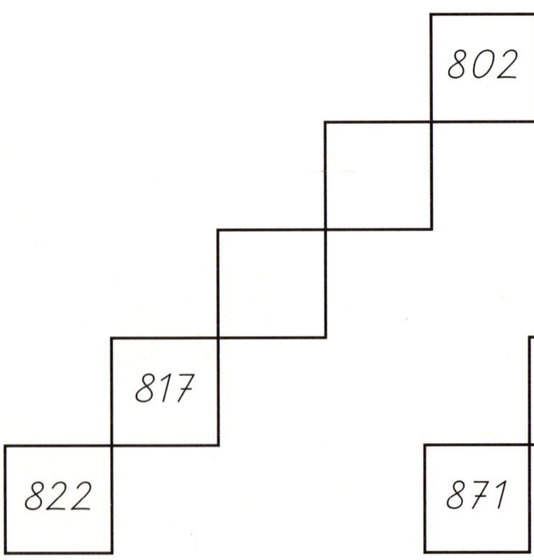

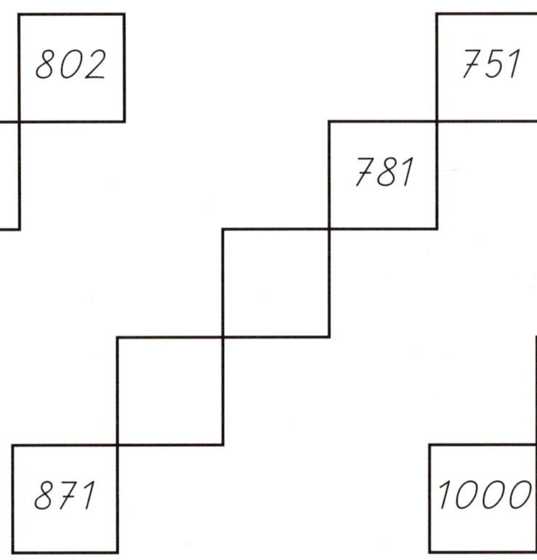

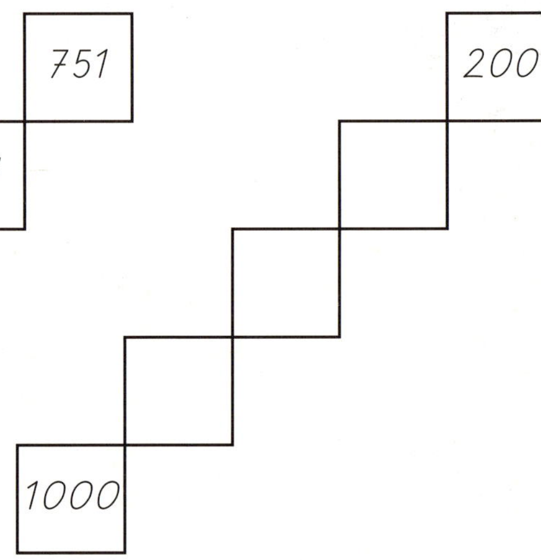

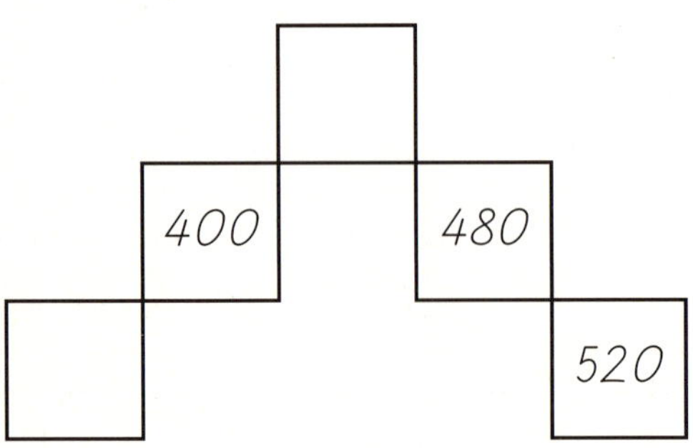

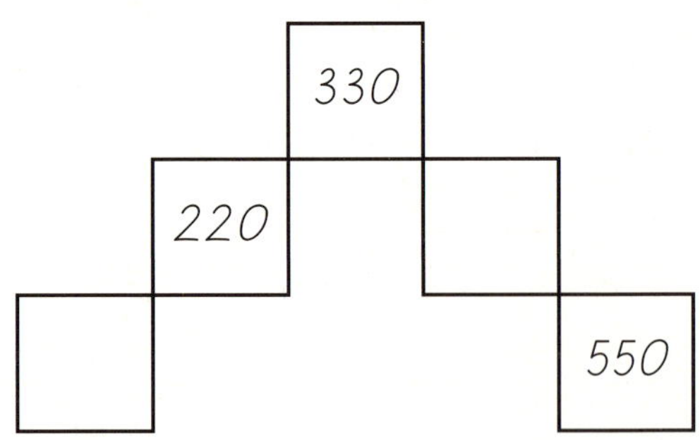

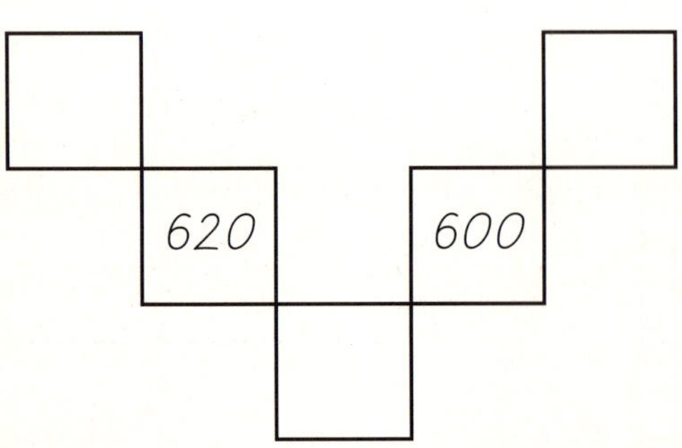

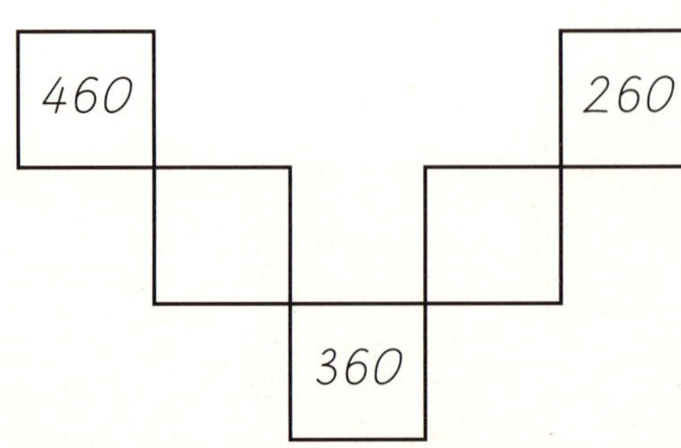

Lernschieber: HZ – ZE

	790 − 53 =		180 − 42 =
737	980 − 46 =	138	290 − 83 =
934	490 − 72 =	207	860 − 27 =
418	890 − 89 =	833	990 − 82 =
801	270 − 64 =	908	300 − 99 =
206	650 − 28 =	201	780 − 74 =
622	340 − 17 =	706	470 − 57 =
323	580 − 35 =	413	600 − 88 =
545	700 − 91 =	512	530 − 16 =
609	390 − 24 =	514	690 − 53 =
366	750 − 31 =	637	990 − 89 =
719	900 − 63 =	901	780 − 71 =
837	680 − 77 =	709	870 − 34 =
603	470 − 49 =	836	570 − 51 =
421	890 − 52 =	519	460 − 45 =
838		415	

Pfeildomino: Ergänzen zum nächsten Hunderter

384 + = 400	512 + = 600	433 + = 500	128 + = 200	848 + = 900

68	33	22	89	87
432 + = 500	567 + = 600	178 + = 200	611 + = 700	513 + = 600

81	43	59	12	53
819 + = 900	257 + = 300	841 + = 900	688 + = 700	447 + = 500

61	11	58	83	65
339 + = 400	289 + = 300	642 + = 700	117 + = 200	335 + = 400

16	88	67	72	52

Auftragsscheibe: HZE+/–ZE

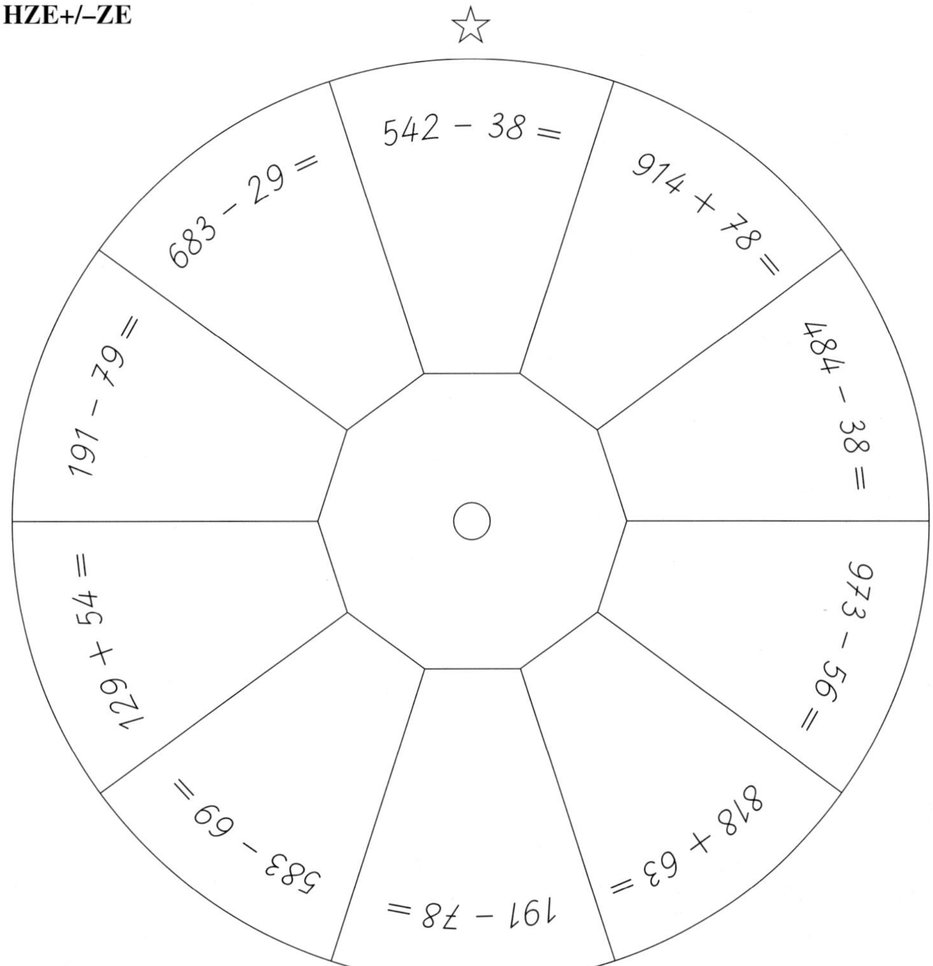

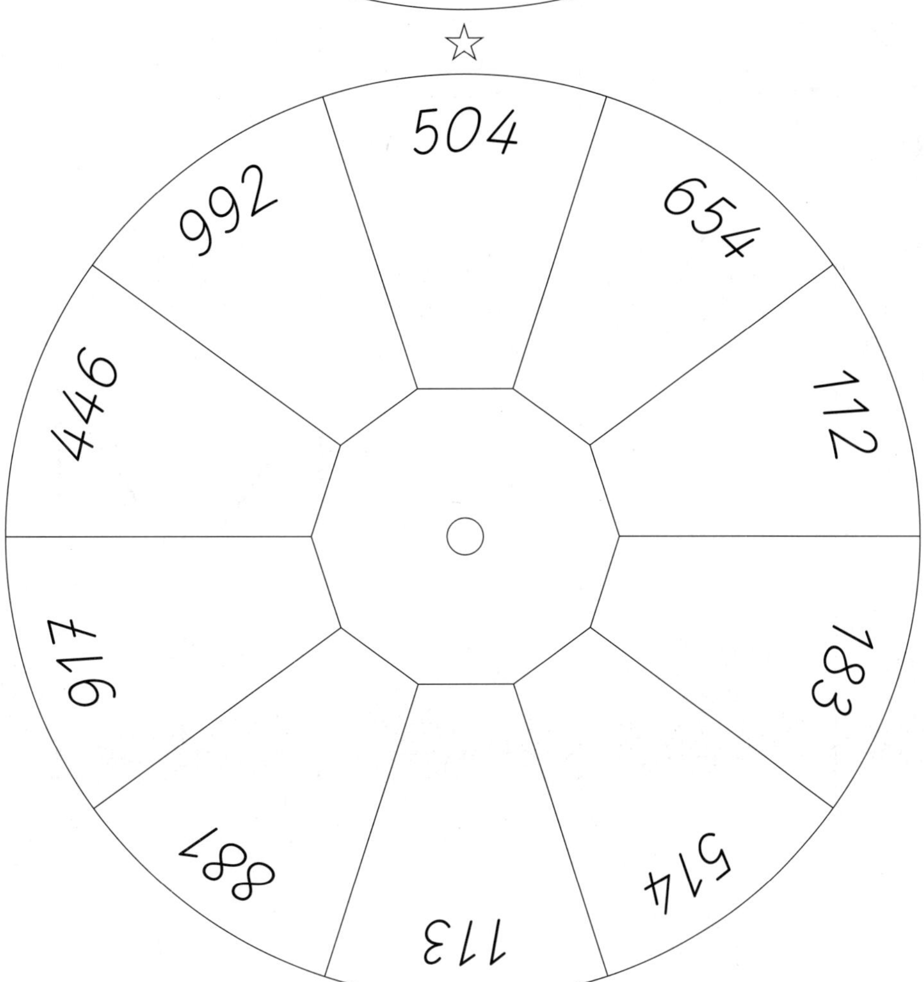

Klammerkarten: HZ + Z

Klammere die richtige Lösung!

390	420	400	350 + 60 =	440	410	430
900	930	940	890 + 20 =	910	950	920
550	500	530	470 + 50 =	510	520	540
620	640	650	580 + 40 =	610	600	630

Klammere die richtige Lösung!

590	580	630	520 + 90 =	610	600	620
780	760	730	680 + 80 =	750	770	740
460	420	450	340 + 70 =	430	410	400
750	720	740	690 + 30 =	730	710	700

Klammere die richtige Lösung!

750		840
790	920 – 70 =	850
690		860
490		590
580	530 – 50 =	470
480		390
290		350
260	310 – 40 =	370
280		270
380		370
390	470 – 90 =	580
560		360

Klammere die richtige Lösung!

170		180
220	240 – 60 =	230
300		190
660		730
680	710 – 20 =	790
690		670
570		690
550	620 – 30 =	650
580		590
750		930
770	850 – 80 =	870
780		760

Domino: HZ + HZ

A
Anfang
370 + 490 =

860
490 + 130 =

620
410 + 590 =

1000
180 + 170 =

350
670 + 250 =

920
290 + 350 =

640
380 + 240 =

620
E
Ende

Domino: HZ – HZ

A
Anfang
730 – 270 =
460
680 – 390 =
290
820 – 540 =
280
950 – 860 =
90
1000 – 930 =
70
670 – 380 =
290
740 – 180 =
560
E
Ende

Wer angelt sich den „schwersten“ Fisch? Stöpsle ihn rot!
Wer angelt sich den „leichtesten“ Fisch? Stöpsle ihn grün!
190 + 180
610 − 180
340 + 280
710 − 550
830 − 270
380 + 190
790 + 120
180 + 370
270 + 180
910 − 170
190 + 640
840 − 380
570 + 180
470 + 190
220 + 370

Verbinde jeweils eine Zahl der linken Seite mit einer Zahl der rechten Seite, so dass das Ergebnis 1000 ist!

1000

437	+ 784
216	+ 637
389	+ 563
145	+ 279
363	+ 346
721	+ 611
548	+ 855
654	+ 452

Folienkarte „Paragleiter“: HZE + HZE

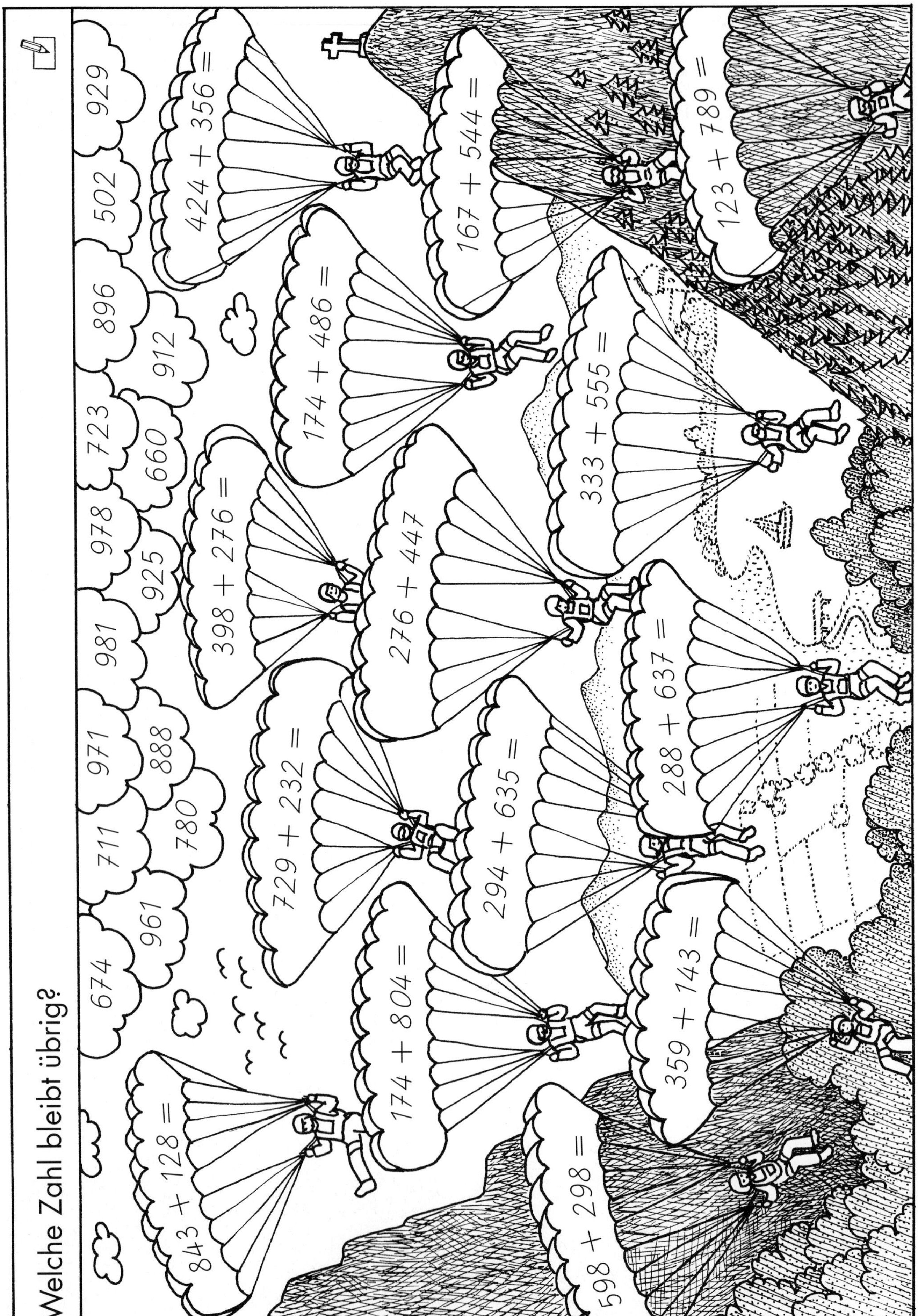

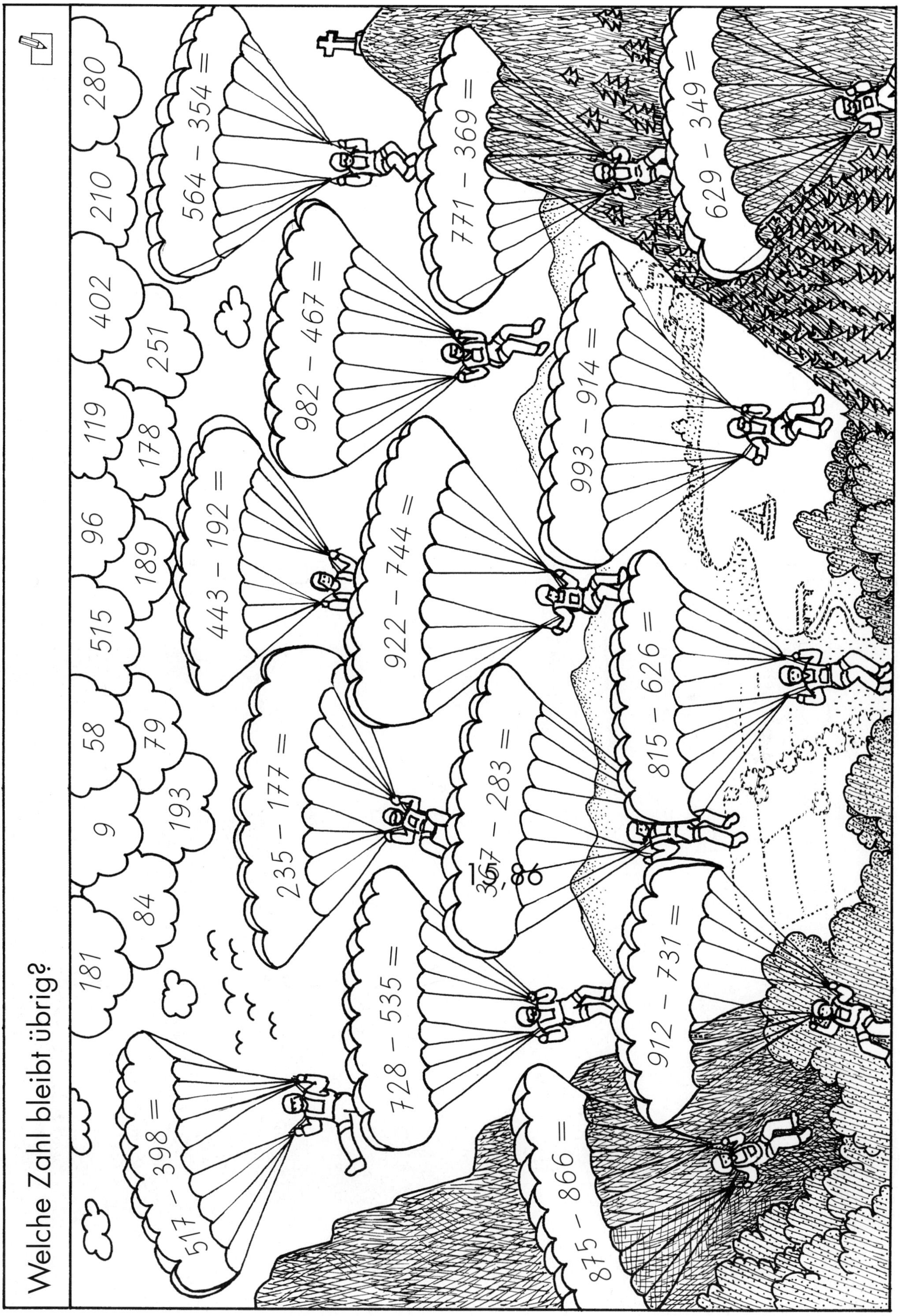
Welche Zahl bleibt übrig?
181
84
9
193
58
79
515
189
96
178
119
251
402
210
280
517 − 398 =
728 − 535 =
235 − 177 =
443 − 192 =
982 − 467 =
564 − 354 =
875 − 866 =
912 − 731 =
367 − 283 =
922 − 744 =
993 − 914 =
771 − 369 =
815 − 626 =
629 − 349 =
15,86

Welches Huhn kann sich retten?

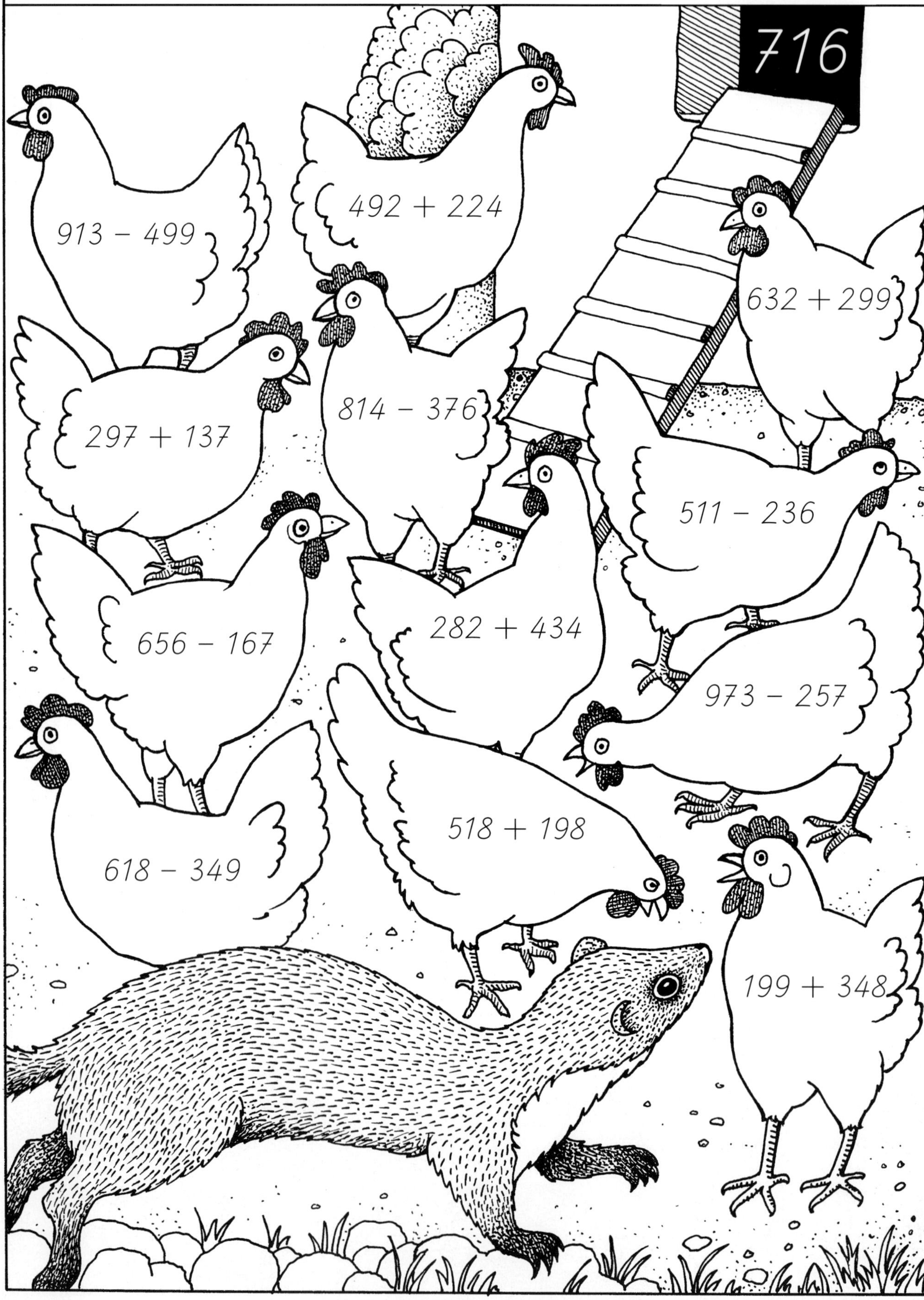

3. Schriftliche Addition und Subtraktion

3.1 Schriftliche Addition ohne Überschreitung

Domino: Schriftliche Addition

A Anfang — 524 + 123	647 — 314 + 451	765 — 411 + 532	943 — 123 + 361
484 — 123 + 771	894 — 868 + 121	989 — 113 + 886	999 — 444 + 554
998 — 667 + 122	789 — 231 + 358	589 — 613 + 253	866 — E Ende

A Anfang — 253 + 143	396 — 336 + 231	567 — 450 + 237	687 — 481 + 513
994 — 628 + 171	799 — 324 + 634	958 — 523 + 461	984 — 611 + 218
829 — 323 + 625	948 — 503 + 142	645 — 321 + 352	673 — E Ende

A Anfang — 316 + 423	739 — 511 + 434	945 — 136 + 123	259 — 242 + 153
395 — 128 + 121	249 — 244 + 732	976 — 213 + 186	399 — 306 + 513
819 — 224 + 635	859 — 345 + 144	489 — 622 + 354	976 — E Ende

Addiere schriftlich!

213 + 482 = ________	695
352 + 427 = ________	779
593 + 206 = ________	799
471 + 328 = ________	799
714 + 173 = ________	887

Addiere schriftlich!

685 + 314 = ________	999
826 + 173 = ________	999
131 + 868 = ________	999
963 + 36 = ________	999
587 + 412 = ________	999

Addiere schriftlich!

248 + 151 = ________	399
592 + 207 = ________	799
814 + 185 = ________	999
356 + 543 = ________	899
669 + 110 = ________	779

Addiere schriftlich!

123 + 762 = ________	885
475 + 312 = ________	787
747 + 131 = ________	878
826 + 162 = ________	988
582 + 216 = ________	798

knicken

3.2 Schriftliche Addition mit Überschreitung

Domino: Schriftliche Addition mit einer Überschreitung

A Anfang	445 + 316	761 · 326 + 138	464 · 437 + 345	782 · 348 + 523
871 · 237 + 235	472 · 629 + 234	863 · 628 + 335	963 · 426 + 357	
783 · 239 + 528	767 · 119 + 743	862 · 235 + 437	672	E Ende

A Anfang	636 + 339	975 · 548 + 126	674 · 174 + 417	591 · 237 + 129
366 · 328 + 348	676 · 247 + 637	884 · 248 + 439	687 · 549 + 126	
675 · 166 + 228	394 · 149 + 239	388 · 776 + 117	893	E Ende

A Anfang	245 + 536	781 · 628 + 219	847 · 157 + 517	674 · 166 + 128
294 · 449 + 325	774 · 118 + 134	252 · 153 + 129	282 · 233 + 338	
571 · 259 + 314	573 · 722 + 149	871 · 414 + 138	552	E Ende

Domino: Schriftliche Addition mit zwei Überschreitungen

A Anfang	223 + 388	611 356 + 295	651 438 + 167	605 527 + 183
710 649 + 261	910 763 + 168	931 762 + 188	950 473 + 349	
822 953 + 47	1000 428 + 395	823 387 + 387	774	E Ende

A Anfang	291 + 509	800 823 + 87	910 666 + 155	821 736 + 187
923 454 + 367	821 372 + 299	671 589 + 333	922 757 + 178	
935 149 + 663	812 365 + 187	552 193 + 258	451	E Ende

A Anfang	141 + 179	320 283 + 338	621 424 + 277	701 217 + 98
315 267 + 485	752 132 + 289	421 298 + 657	955 136 + 186	
322 274 + 157	431 751 + 199	950 149 + 274	423	E Ende

ZIEL
387 + 594
2
299 + 183
1
496 + 345
298 + 543
625 + 178
2
123 + 647
399 + 177
276 + 135
438 + 296
386 + 455
1
199 + 376
489 + 143
3
589 + 234
677 + 255
684 + 299
2
238 + 144
499 + 155
148 + 264
3
269 + 173
1
189 + 213
START

Um herauszufinden, was der Zauberer verzaubert hat, musst du die Rechnungen richtig lösen und die jeweiligen Buchstaben richtig einsetzen!

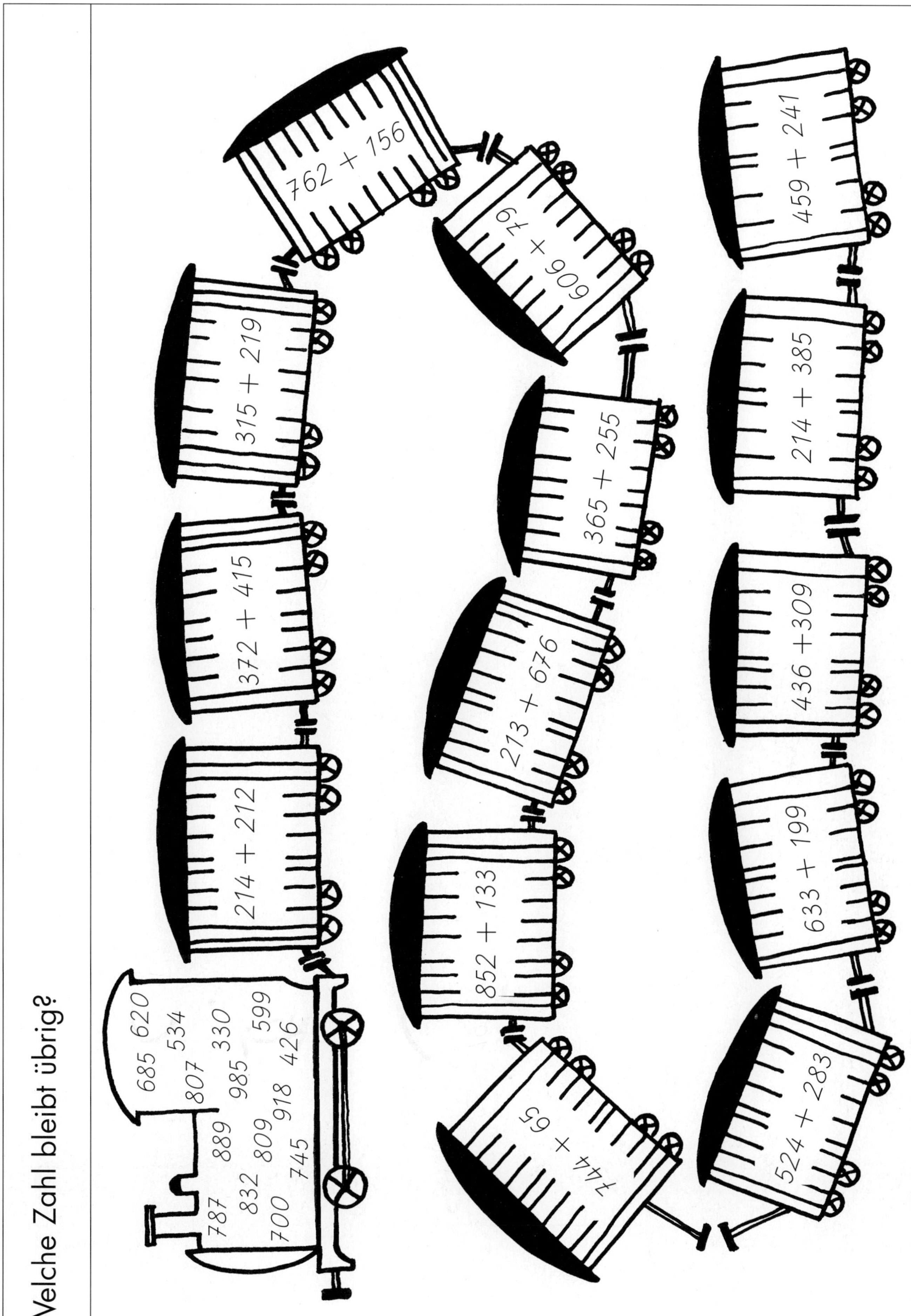
Welche Zahl bleibt übrig?
685 620
534
807 330
985 599
787 889
832 809 918 426
700 745
214 + 212
372 + 415
315 + 219
762 + 156
606 + 79
365 + 255
213 + 676
852 + 133
744 + 65
524 + 283
633 + 199
436 + 309
214 + 385
459 + 241

Folienkarte „Schultafel“: Schriftliche Addition/Platzhalter →L

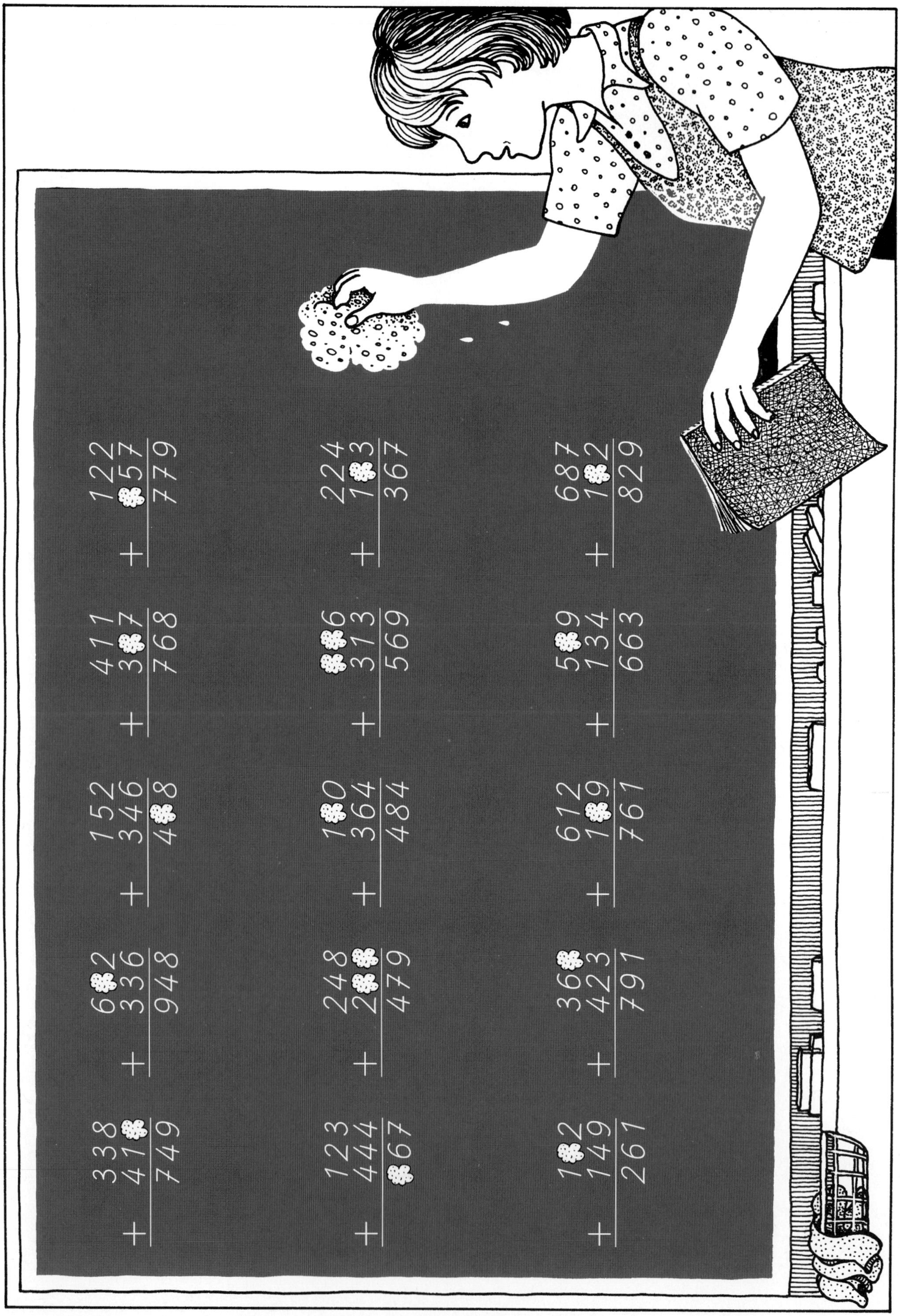

3.3 Schriftliche Subtraktion ohne Überschreitung

Domino: Schriftliche Subtraktion

A Anfang — 683 − 471	212 — 884 − 642	242 — 938 − 716	222 — 566 − 332
234 — 648 − 424	224 — 975 − 761	214 — 676 − 565	111 — 398 − 276
122 — 883 − 231	652 — 656 − 232	424 — 889 − 273	616 — E Ende

A Anfang — 567 − 243	Saft 324 — 697 − 345	Saft 352 — 863 − 241	Saft 622 — 955 − 323
632 — 498 − 276	Saft 222 — 678 − 345	Saft 333 — 847 − 632	Saft 215 — 989 − 254
735 — 963 − 242	Saft 721 — 587 − 353	Saft 234 — 499 − 188	Saft 311 — E Ende

A Anfang — 667 − 123	Salz 544 — 398 − 276	Salz 122 — 648 − 421	Salz 227 — 397 − 263
134 — 486 − 235	Salz 251 — 898 − 777	Salz 121 — 635 − 421	Salz 214 — 925 − 714
211 — 683 − 442	Salz 241 — 868 − 235	Salz 633 — 465 − 221	Salz 244 — E Ende

Subtrahiere schriftlich!

519 − 303 = ______	216
292 − 171 = ______	121
447 − 434 = ______	13
338 − 217 = ______	121
786 − 743 = ______	43

Subtrahiere schriftlich!

955 − 615 = ______	340
864 − 243 = ______	621
678 − 567 = ______	111
523 − 111 = ______	412
487 − 255 = ______	232

Subtrahiere schriftlich!

729 − 315 = ______	414
646 − 125 = ______	521
498 − 365 = ______	133
857 − 326 = ______	531
364 − 122 = ______	242

Subtrahiere schriftlich!

775 − 562 = ______	213
586 − 475 = ______	111
949 − 636 = ______	313
234 − 133 = ______	101
863 − 241 = ______	622

knicken

3.4 Schriftliche Subtraktion mit Überschreitung

Domino: Schriftliche Subtraktion mit einer Überschreitung

A Anfang	564 − 245	319 / 782 − 363	419 / 577 − 169	408 / 493 − 258
235 / 973 − 347	626 / 622 − 103	519 / 544 − 226	318 / 455 − 237	
218 / 651 − 46	605 / 845 − 527	318 / 330 − 111	219	E Ende

A Anfang	498 − 279	219 / 347 − 138	209 / 528 − 209	319 / 874 − 636
238 / 651 − 119	532 / 765 − 329	436 / 936 − 927	9 / 272 − 127	
145 / 591 − 272	319 / 998 − 779	219 / 732 − 414	318	E Ende

A Anfang	371 − 243	128 / 291 − 184	107 / 542 − 333	209 / 998 − 889
109 / 687 − 259	428 / 436 − 118	318 / 718 − 609	109 / 486 − 247	
239 / 855 − 538	317 / 974 − 628	346 / 567 − 148	419	E Ende

Domino: Schriftliche Subtraktion mit zwei Überschreitungen

A Anfang	532 − 144	388 / 724 − 588	136 / 657 − 368	289 / 428 − 339
	89 / 641 − 199	442 / 863 − 385	478 / 985 − 796	189 / 376 − 198
	178 / 566 − 289	277 / 333 − 244	89 / 900 − 222	678 / E Ende

A Anfang	374 − 179	195 / 262 − 184	78 / 688 − 399	289 / 533 − 278
	255 / 445 − 168	277 / 726 − 427	299 / 914 − 535	379 / 831 − 662
	169 / 723 − 578	145 / 547 − 189	358 / 500 − 321	179 / E Ende

A Anfang	777 − 699	78 / 1000 − 439	561 / 455 − 167	288 / 386 − 197
	189 / 1000 − 223	777 / 673 − 275	398 / 787 − 289	498 / 258 − 169
	89 / 854 − 386	468 / 462 − 175	287 / 334 − 178	156 / E Ende

✿98 − 186 = 212
276 − 10✿ = 172
435 − 3✿3 = 122
✿25 − 615 = 210
584 − 1✿✿ = 400
693 − ✿62 = 431
742 − 226 = 51✿
433 − 127 = 3✿✿
75✿ − 265 = 4✿9
6✿3 − 15✿ = 444
4✿6 − 97 = 309
3✿4 − 88 = 236
✿68 − 877 = 91
53✿ − ✿44 = 286
✿✿✿ − 213 = 99

Zahlen-Würfelspiel: Schriftliche Subtraktion

Um herauszufinden, was der Zauberer verzaubert hat, musst du die Rechnungen richtig lösen und die jeweiligen Buchstaben richtig einsetzen!

− 241
352
469
−
235
886
−
544
− 532
422
688
−
346
841
−
502
− 113
559
− 199
649
379
−
265
− 109
701
− 239
413
708
−
569
898
−
486
336
−
218
− 208
503

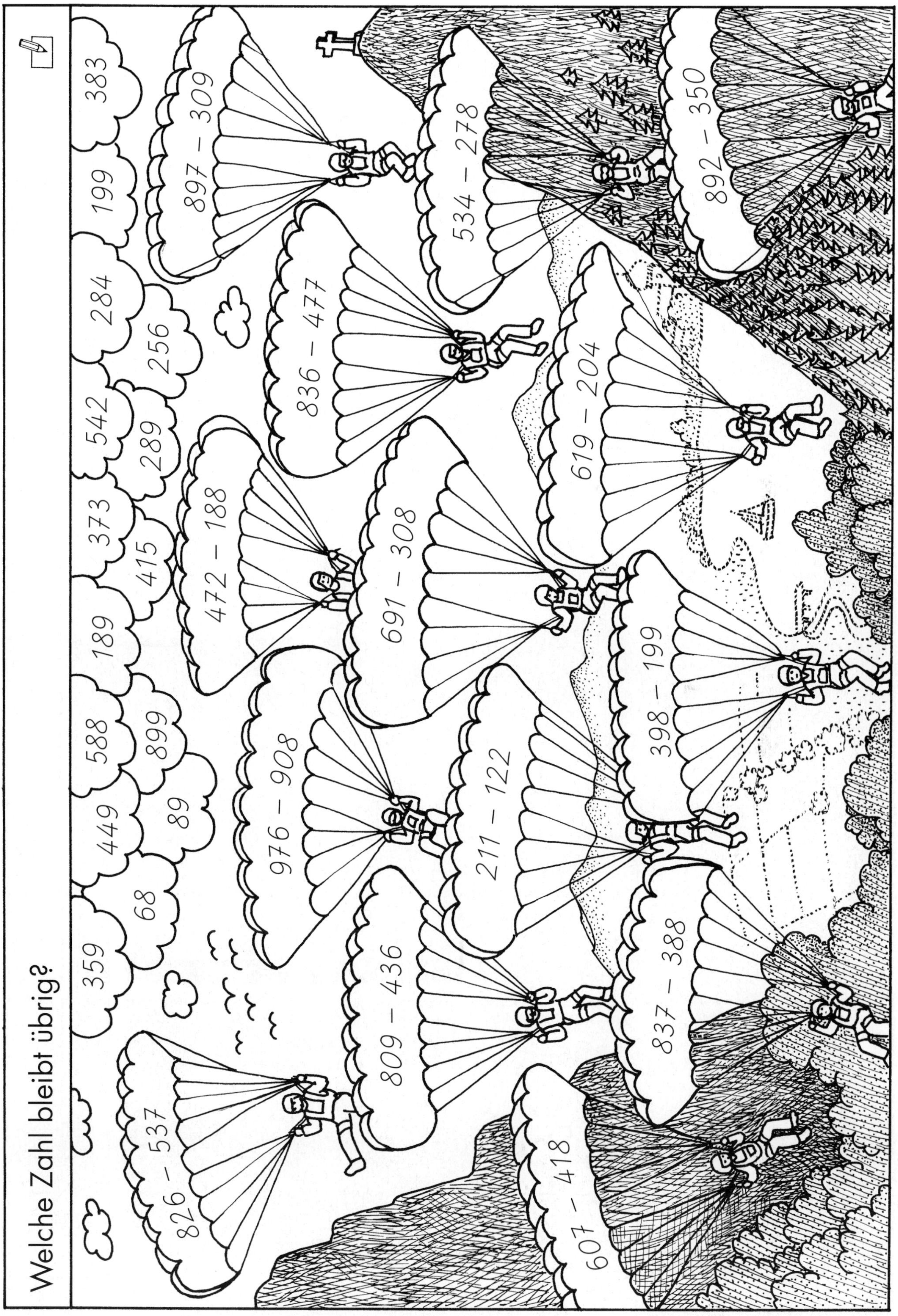
Welche Zahl bleibt übrig?
359
68
449
89
588
899
189
415
373
289
542
256
284
199
383
826 – 537
809 – 436
976 – 908
472 – 188
897 – 309
836 – 477
691 – 308
211 – 122
607 – 418
837 – 388
398 – 199
619 – 204
534 – 278
892 – 350

Zahlen-Würfelspiel: Schriftliche Addition/Subtraktion

Welches Huhn kann sich retten?

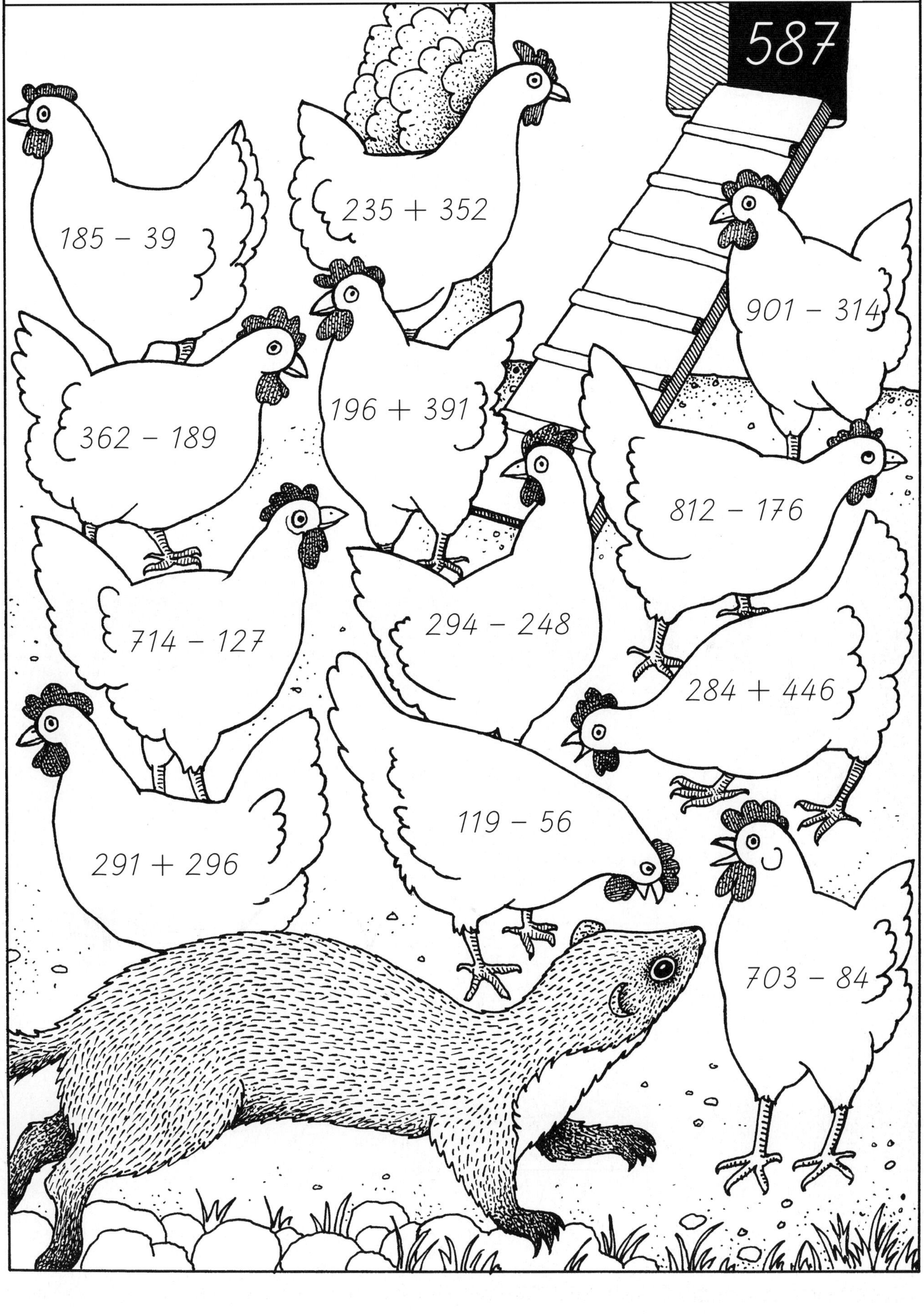

Lernschieber: Schriftliche Addition/Subtraktion/Platzhalter

	□ + 179 = 812
633	□ − 254 = 198
452	□ + 399 = 812
413	□ − 136 = 276
412	□ + 382 = 809
427	□ + 199 = 511
312	□ − 189 = 626
815	

	□ − 234 = 198
432	□ − 254 = 598
852	□ + 196 = 334
138	□ + 178 = 672
494	□ − 396 = 118
514	□ − 284 = 412
696	□ − 138 = 512
650	

Stöpsle das richtige Ergebnis!

921 − 778 =	145	263	143
808 − 634 =	174	264	198
179 + 655 =	756	834	628
234 + 398 =	622	632	532
512 − 274 =	178	348	238
608 − 265 =	343	443	199
754 − 284 =	470	510	634
189 + 198 =	497	387	396

Stöpsle das richtige Ergebnis!

384 + 178 =	579	562	488
812 − 294 =	612	534	518
636 + 288 =	924	916	899
199 + 334 =	523	533	683
664 + 273 =	927	937	826
818 − 634 =	184	199	274
934 − 659 =	175	375	275
312 + 389 =	701	801	603

Domino: Schriftliche Addition/Subtraktion

Klammerkarten: Schriftliche Addition/Subtraktion

Klammere richtig!		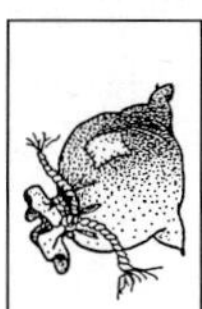
248		334
233	621 − 389	232
323		431
231		311
248	512 − 264	249
179		258
589		572
621	177 + 395	573
571		634
448		389
512	624 − 169	468
455		519

Klammere richtig!		
642		684
582	298 + 354	572
652		744
921		944
989	478 + 453	889
891		931
576		516
502	801 − 299	568
518		496
931		921
889	633 + 298	976
942		968

4. Multiplikation und Division mit Vielfachen von 10

4.1 Vervielfachen von Zehnerzahlen

Kippkarten: Vervielfachen von Zehnerzahlen

150 360 630 320  40	560 180 320 180  300	160 360 420 320 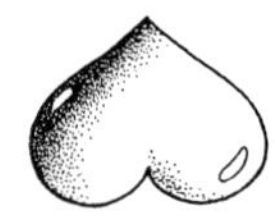 180
2 · 20 = 4 · 80 = 9 · 70 = 6 · 60 = 5 · 30 =	5 · 60 = 6 · 30 = 8 · 40 = 9 · 20 = 8 · 70 =	6 · 30 = 4 · 80 = 7 · 60 = 9 · 40 = 8 · 20 =

knicken

480 60 360 400  490	640 540 320 120  120	480 180 200 180 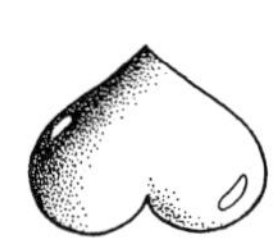 810
7 · 70 = 8 · 50 = 4 · 90 = 2 · 30 = 6 · 80 =	3 · 40 = 6 · 20 = 8 · 40 = 9 · 60 = 8 · 80 =	9 · 90 = 6 · 30 = 5 · 40 = 3 · 60 = 8 · 60 =

knicken

Folienkarte: Vervielfachen von Zehnerzahlen (Analogien nutzen) →L

Suche **alle** großen Aufgaben!

3 · 8	3 · 80	80 · 3	30 · 8	8 · 30
4 · 6				
5 · 2				
8 · 7				
9 · 4				
4 · 5				
6 · 3				
7 · 9				
8 · 1				
5 · 6				
4 · 8				
6 · 2				
7 · 4				
5 · 7				
9 · 3				
8 · 6				

Memory: Vervielfachen von Zehnerzahlen (Analogien nutzen)

$3 \cdot 8$

$30 \cdot 8$

$3 \cdot 80$

$4 \cdot 6$

$40 \cdot 6$

$4 \cdot 60$

$5 \cdot 2$

$50 \cdot 2$

$5 \cdot 20$

$7 \cdot 9$

$70 \cdot 9$

$7 \cdot 90$

$5 \cdot 3$

$50 \cdot 3$

$5 \cdot 30$

$6 \cdot 7$

$60 \cdot 7$

$6 \cdot 70$

$9 \cdot 5$

$90 \cdot 5$

$9 \cdot 50$

$8 \cdot 4$

$80 \cdot 4$

$8 \cdot 40$

Lernschieber: Vervielfachen von Zehnerzahlen (Analogien nutzen)

		3 · 4			6 · 8
3 · 40	30 · 4	5 · 6	6 · 80	60 · 8	3 · 1
5 · 60	50 · 6	9 · 2	3 · 10	30 · 1	6 · 4
9 · 20	90 · 2	8 · 4	6 · 40	60 · 4	7 · 6
8 · 40	80 · 4	6 · 3	7 · 60	70 · 6	3 · 9
6 · 30	60 · 3	2 · 6	3 · 90	30 · 9	7 · 3
2 · 60	20 · 6	9 · 3	7 · 30	70 · 3	9 · 4
9 · 30	90 · 3	4 · 5	9 · 40	90 · 4	3 · 6
4 · 50	40 · 5	7 · 3	3 · 60	30 · 6	4 · 6
7 · 30	70 · 3	8 · 7	4 · 60	40 · 6	7 · 8
8 · 70	80 · 7	6 · 7	7 · 80	70 · 8	9 · 5
6 · 70	60 · 7	5 · 8	9 · 50	90 · 5	6 · 2
5 · 80	50 · 8	7 · 5	6 · 20	60 · 2	8 · 9
7 · 50	70 · 5	6 · 7	8 · 90	80 · 9	7 · 4
6 · 70	60 · 7	7 · 2	7 · 40	70 · 4	5 · 3
7 · 20	70 · 2	4 · 6	5 · 30	50 · 3	8 · 2
4 · 60	40 · 6		8 · 20	80 · 2	

Pfeildomino: Vervielfachen von Zehnerzahlen (Platzhalter Mitte)

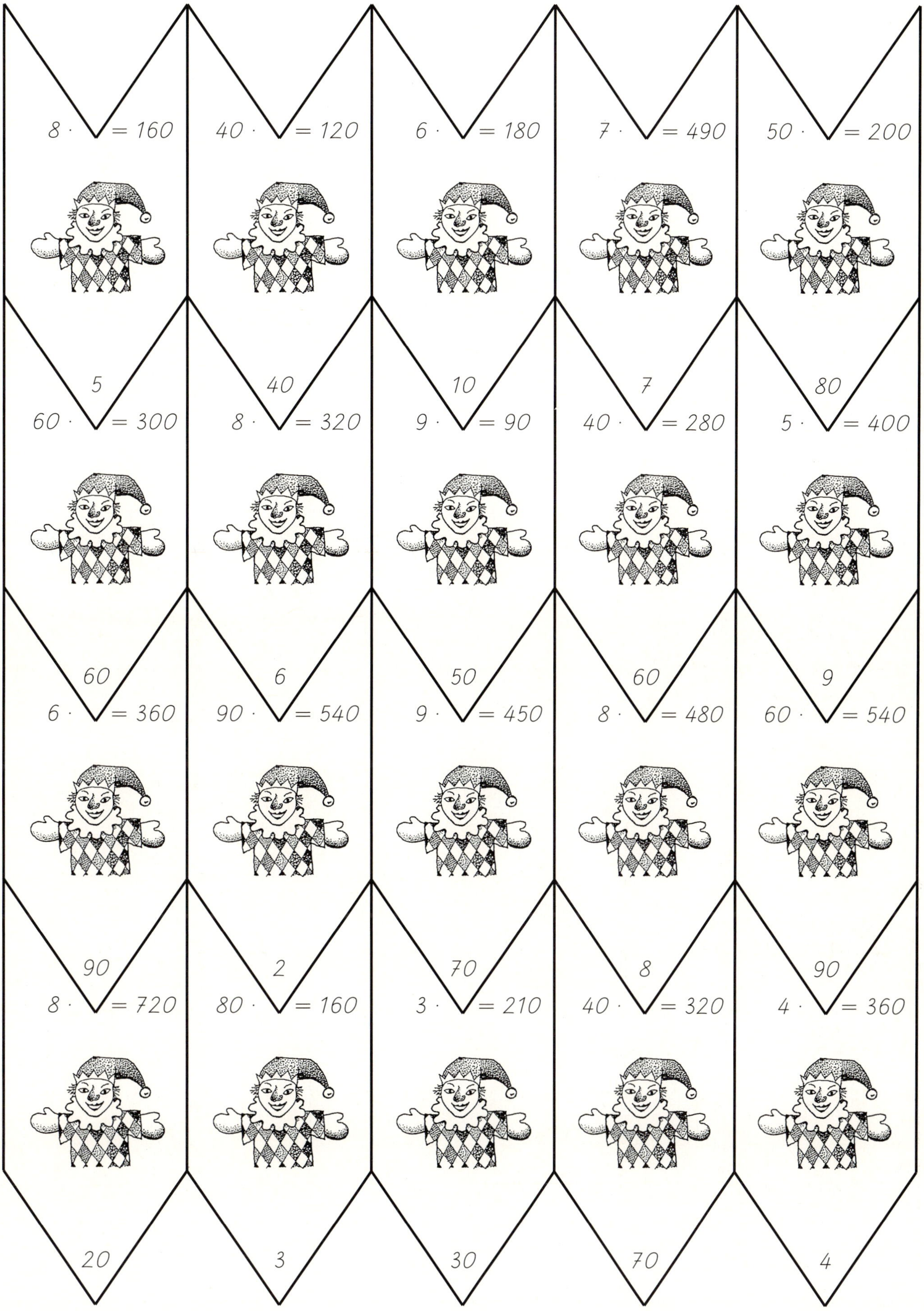

4.2 Teilen durch Zehnerzahlen

Kippkarten: Teilen durch Zehnerzahlen

9 9 5 4 5	7 9 3 7 8	6 6 9 4 3

knicken		
300 : 60 = 280 : 70 = 350 : 70 = 450 : 50 = 270 : 30 =	640 : 80 = 210 : 30 = 150 : 50 = 810 : 90 = 420 : 60 =	120 : 40 = 200 : 50 = 180 : 20 = 360 : 60 = 420 : 70 =

8 3 6 7 3	10 9 4 6 2	5 9 6 5 7

knicken		
240 : 80 = 630 : 90 = 480 : 80 = 150 : 50 = 560 : 70 =	100 : 50 = 240 : 40 = 280 : 70 = 720 : 80 = 500 : 50 =	140 : 20 = 150 : 30 = 540 : 90 = 270 : 30 = 450 : 90 =

Folienkarte: Teilen durch Zehnerzahlen (Analogien nutzen) →L

Suche ähnliche Aufgaben!

180 : 3 = 60	180 : 30 = 6	180 : 6 = 30	180 : 60 = 3
240 : 8 =			
350 : 7 =			
630 : 9 =			
210 : 7 =			
150 : 3 =			
320 : 4 =			
450 : 9 =			
280 : 4 =			
480 : 6 =			
540 : 9 =			
270 : 3 =			
400 : 8 =			
360 : 4 =			
180 : 6 =			
140 : 2 =			

Domino: Teilen durch Zehnerzahlen (Analogien nutzen)

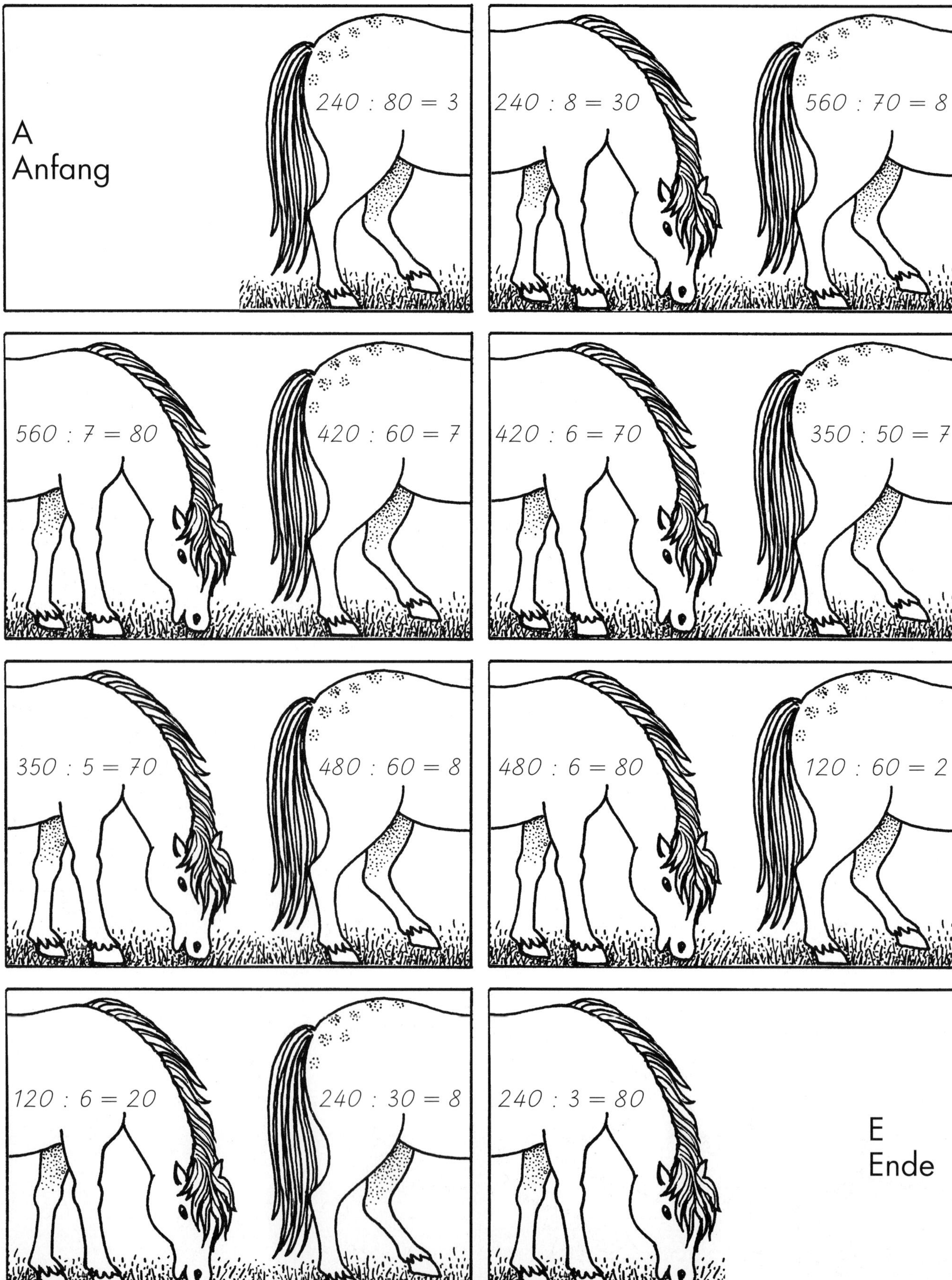

Domino: Teilen durch Zehnerzahlen (Analogien nutzen)

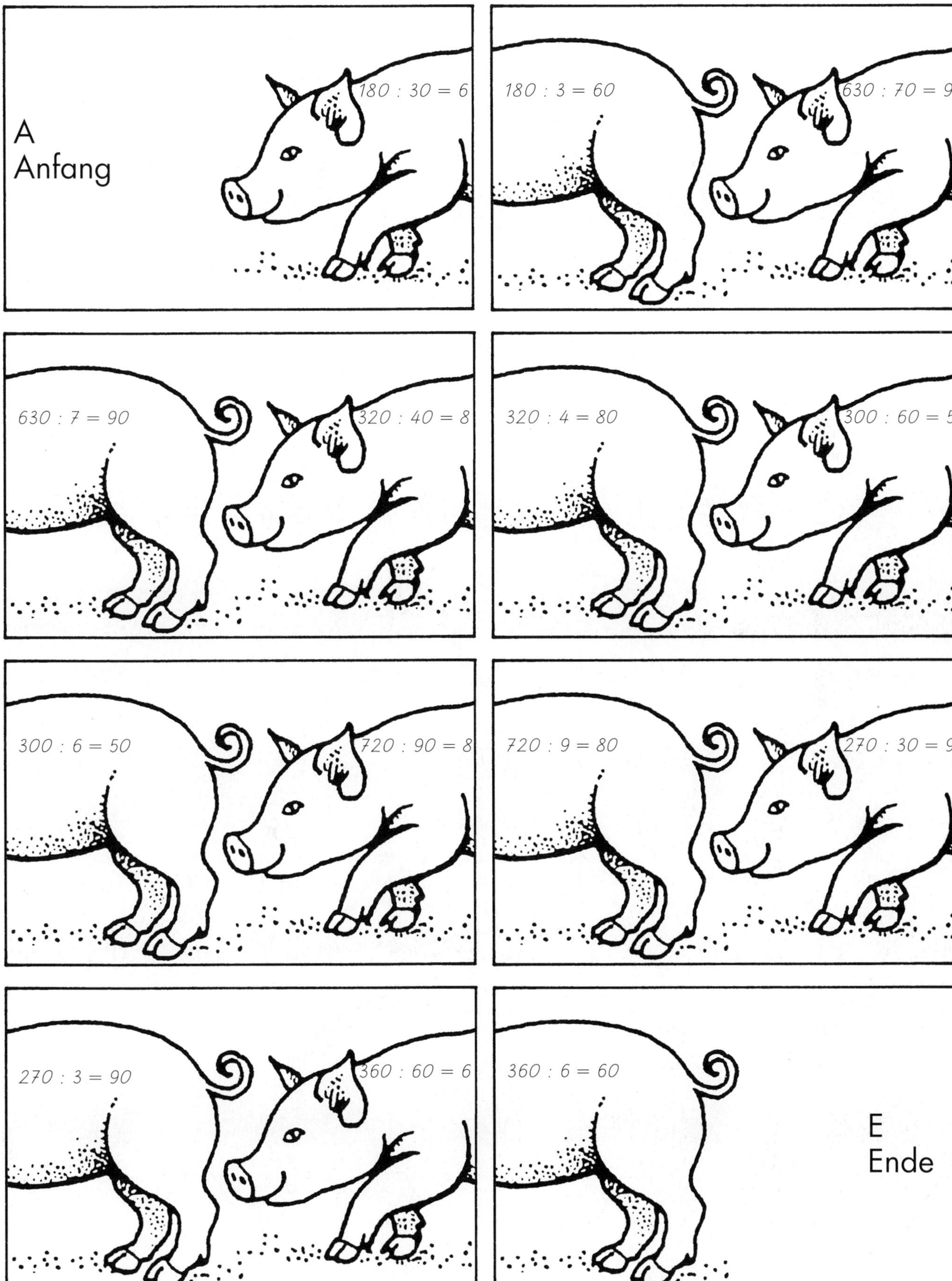

Pfeildomino: Teilen durch Zehnerzahlen (Platzhalter Mitte)

490 : ☐ = 7 | 120 : ☐ = 6 | 240 : ☐ = 3 | 720 : ☐ = 9 | 560 : ☐ = 8

50 | 20 | 80 | 70 | 40

450 : ☐ = 9 | 200 : ☐ = 10 | 640 : ☐ = 8 | 420 : ☐ = 6 | 160 : ☐ = 4

50 | 50 | 90 | 70 | 60

250 : ☐ = 5 | 150 : ☐ = 3 | 180 : ☐ = 2 | 490 : ☐ = 7 | 120 : ☐ = 2

60 | 40 | 50 | 90 | 80

540 : ☐ = 9 | 80 : ☐ = 2 | 300 : ☐ = 6 | 810 : ☐ = 9 | 400 : ☐ = 5

70 | 20 | 80 | 80 | 70

Kippkarten: Zerlegen mit Rest

$350 = \square \cdot 80 + \square$	$350 = 4 \cdot 80 + 30$
$230 = \square \cdot 60 + \square$	$230 = 3 \cdot 60 + 50$
$120 = \square \cdot 50 + \square$	$120 = 2 \cdot 50 + 20$
$90 = \square \cdot 40 + \square$	$90 = 2 \cdot 40 + 10$
$140 = \square \cdot 30 + \square$	$140 = 4 \cdot 30 + 20$
$270 = \square \cdot 70 + \square$	$270 = 3 \cdot 70 + 60$
$610 = \square \cdot 90 + \square$	$610 = 6 \cdot 90 + 70$
$190 = \square \cdot 20 + \square$	$190 = 9 \cdot 20 + 10$

$70 = \square \cdot 10 + \square$	$70 = 7 \cdot 10 + 0$
$350 = \square \cdot 90 + \square$	$350 = 3 \cdot 90 + 80$
$570 = \square \cdot 80 + \square$	$570 = 7 \cdot 80 + 10$
$580 = \square \cdot 70 + \square$	$580 = 8 \cdot 70 + 20$
$400 = \square \cdot 60 + \square$	$400 = 6 \cdot 60 + 40$
$280 = \square \cdot 50 + \square$	$280 = 5 \cdot 50 + 30$
$380 = \square \cdot 40 + \square$	$380 = 9 \cdot 40 + 20$
$220 = \square \cdot 30 + \square$	$220 = 7 \cdot 30 + 10$

$410 = \square \cdot 70 + \square$	$410 = 5 \cdot 70 + 60$
$500 = \square \cdot 60 + \square$	$500 = 8 \cdot 60 + 20$
$250 = \square \cdot 40 + \square$	$250 = 6 \cdot 40 + 10$
$180 = \square \cdot 50 + \square$	$180 = 3 \cdot 50 + 30$
$250 = \square \cdot 30 + \square$	$250 = 8 \cdot 30 + 10$
$760 = \square \cdot 80 + \square$	$760 = 9 \cdot 80 + 40$
$590 = \square \cdot 90 + \square$	$590 = 6 \cdot 90 + 50$
$90 = \square \cdot 20 + \square$	$90 = 4 \cdot 20 + 10$

knicken

Domino: Teilen durch Zehnerzahlen (mit Rest)

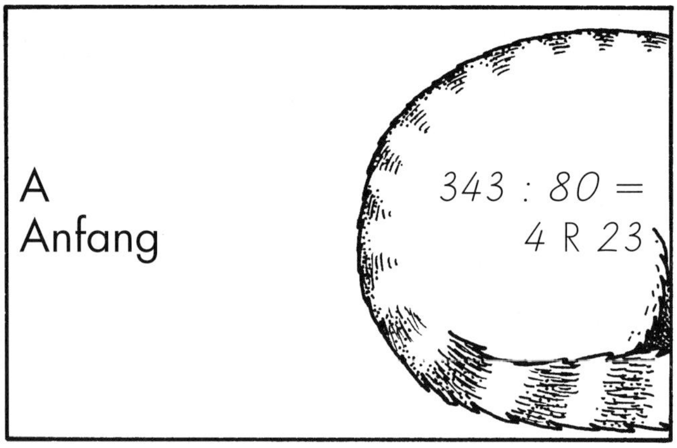

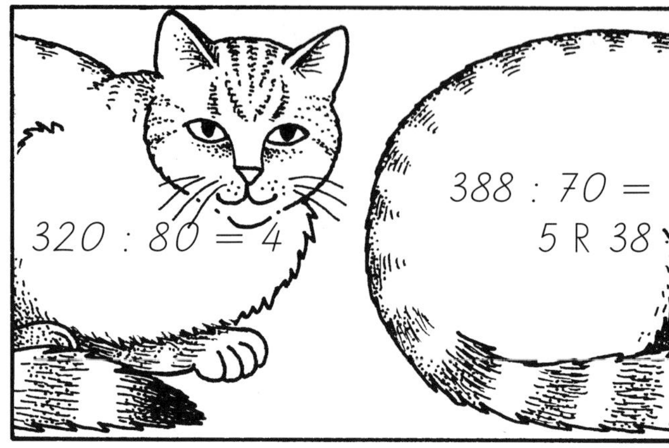

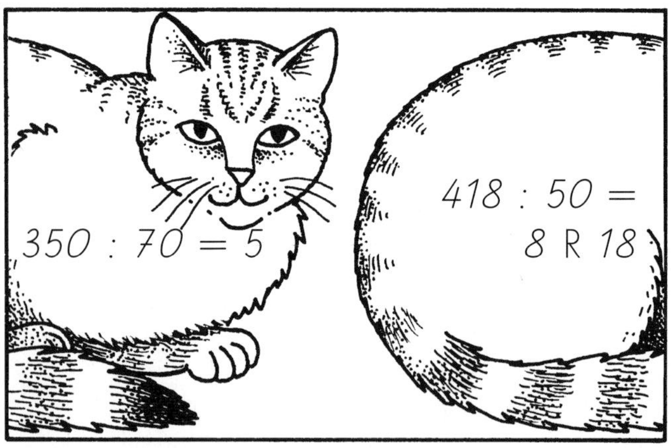

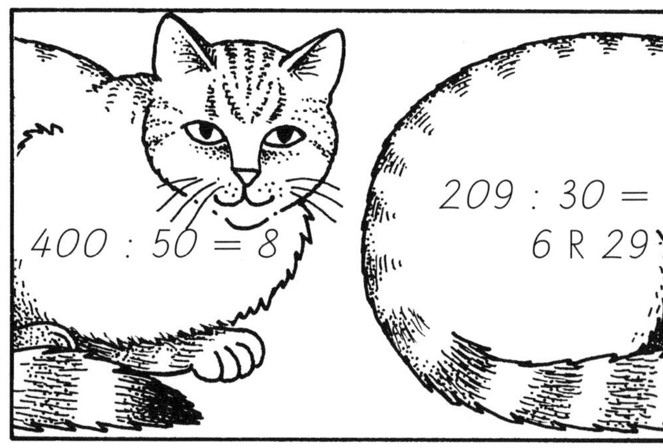

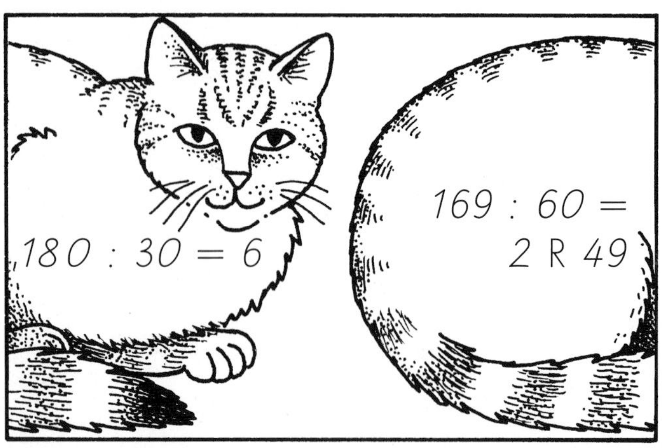

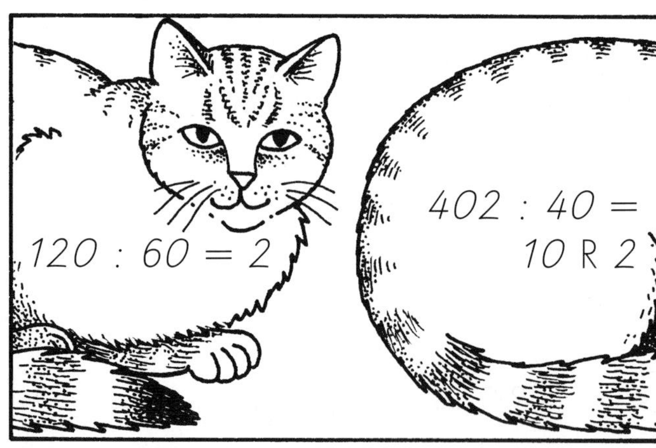

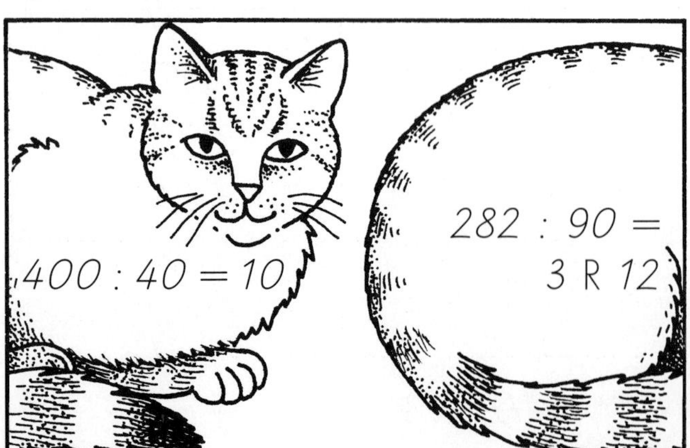

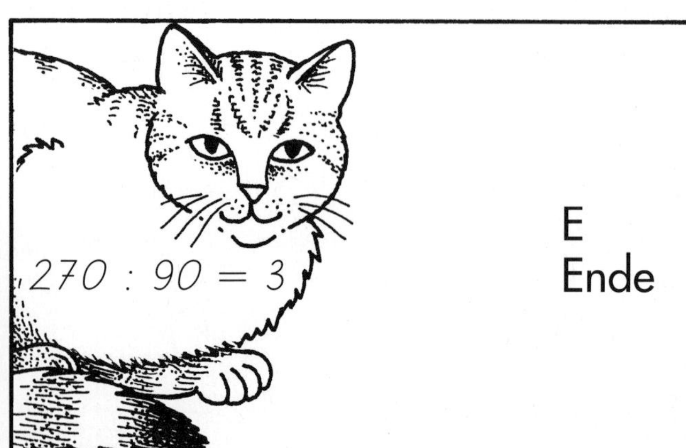

4.3 Vervielfachen und Teilen

Lernschieber: Vervielfachen/Teilen – Platzhalter vorn/Umkehraufgabe

	□ : 9 = 90		9 · 70 = □
810 : 9 = 90	□ : 50 = 6	630 : 70 = 9	8 · 40 = □
300 : 50 = 6	□ : 8 = 80	320 : 40 = 8	6 · 60 = □
640 : 8 = 80	□ : 60 = 3	360 : 60 = 6	2 · 90 = □
180 : 60 = 3	□ : 5 = 70	180 : 90 = 2	5 · 30 = □
350 : 5 = 70	□ : 40 = 3	150 : 30 = 5	8 · 60 = □
120 : 40 = 3	□ : 4 = 80	480 : 60 = 8	4 · 60 = □
320 : 4 = 80	□ : 20 = 8	240 : 60 = 4	7 · 40 = □
160 : 20 = 8	□ : 7 = 70	280 : 40 = 7	3 · 60 = □
490 : 7 = 70	□ : 30 = 4	180 : 60 = 3	5 · 40 = □
120 : 30 = 4	□ : 6 = 80	200 : 40 = 5	9 · 80 = □
480 : 6 = 80	□ 80 = 3	720 : 80 = 9	2 · 70 = □
240 : 80 = 3	□ : 3 = 30	140 : 70 = 2	7 · 30 = □
90 : 3 = 30	□ : 70 = 9	210 : 30 = 7	8 · 50 = □
630 : 70 = 9	□ : 10 = 10	400 : 50 = 8	9 · 50 = □
100 : 10 = 10	□ : 90 = 6	450 : 50 = 9	3 · 20 = □
540 : 90 = 6		60 : 20 = 3	

Kippkarten: Zerlegen in Malaufgaben mit Rest

$229 = \square \cdot 5 + \square$	$229 = 45 \cdot 5 + 4$
$53 = \square \cdot 3 + \square$	$53 = 17 \cdot 3 + 2$
$127 = \square \cdot 6 + \square$	$127 = 21 \cdot 6 + 1$
$110 = \square \cdot 8 + \square$	$110 = 13 \cdot 8 + 6$
$228 = \square \cdot 7 + \square$	$228 = 32 \cdot 7 + 4$
$79 = \square \cdot 2 + \square$	$79 = 39 \cdot 2 + 1$
$64 = \square \cdot 4 + \square$	$64 = 16 \cdot 4 + 0$
$100 = \square \cdot 9 + \square$	$100 = 11 \cdot 9 + 1$

$103 = \square \cdot 8 + \square$	$103 = 12 \cdot 8 + 7$
$99 = \square \cdot 4 + \square$	$99 = 24 \cdot 4 + 3$
$112 = \square \cdot 3 + \square$	$112 = 37 \cdot 3 + 1$
$209 = \square \cdot 10 + \square$	$209 = 20 \cdot 10 + 9$
$87 = \square \cdot 6 + \square$	$87 = 14 \cdot 6 + 3$
$96 = \square \cdot 5 + \square$	$96 = 19 \cdot 5 + 1$
$115 = \square \cdot 9 + \square$	$115 = 12 \cdot 9 + 7$
$170 = \square \cdot 7 + \square$	$170 = 24 \cdot 7 + 2$

$140 = \square \cdot 9 + \square$	$140 = 15 \cdot 9 + 5$
$148 = \square \cdot 3 + \square$	$148 = 49 \cdot 3 + 1$
$146 = \square \cdot 4 + \square$	$146 = 36 \cdot 4 + 2$
$130 = \square \cdot 6 + \square$	$130 = 21 \cdot 6 + 4$
$145 = \square \cdot 8 + \square$	$145 = 18 \cdot 8 + 1$
$129 = \square \cdot 5 + \square$	$129 = 25 \cdot 5 + 4$
$115 = \square \cdot 7 + \square$	$115 = 16 \cdot 7 + 3$
$105 = \square \cdot 2 + \square$	$105 = 52 \cdot 2 + 1$

knicken

START
124 · 5
1
390 : 70
3
468 : 6
50 · 9
225 · 3
2
686 : 7
229 · 4
810 : 90
3
159 · 6
344 · 2
1
190 : 4
270 : 30
874 : 2
66 · 7
2
60 · 8
184 : 8
3
450 : 50
1
465 : 5
2
3 · 70
ZIEL

5. Größen

5.1 Gewichte

Folienkarte: Gewichte g, kg →L

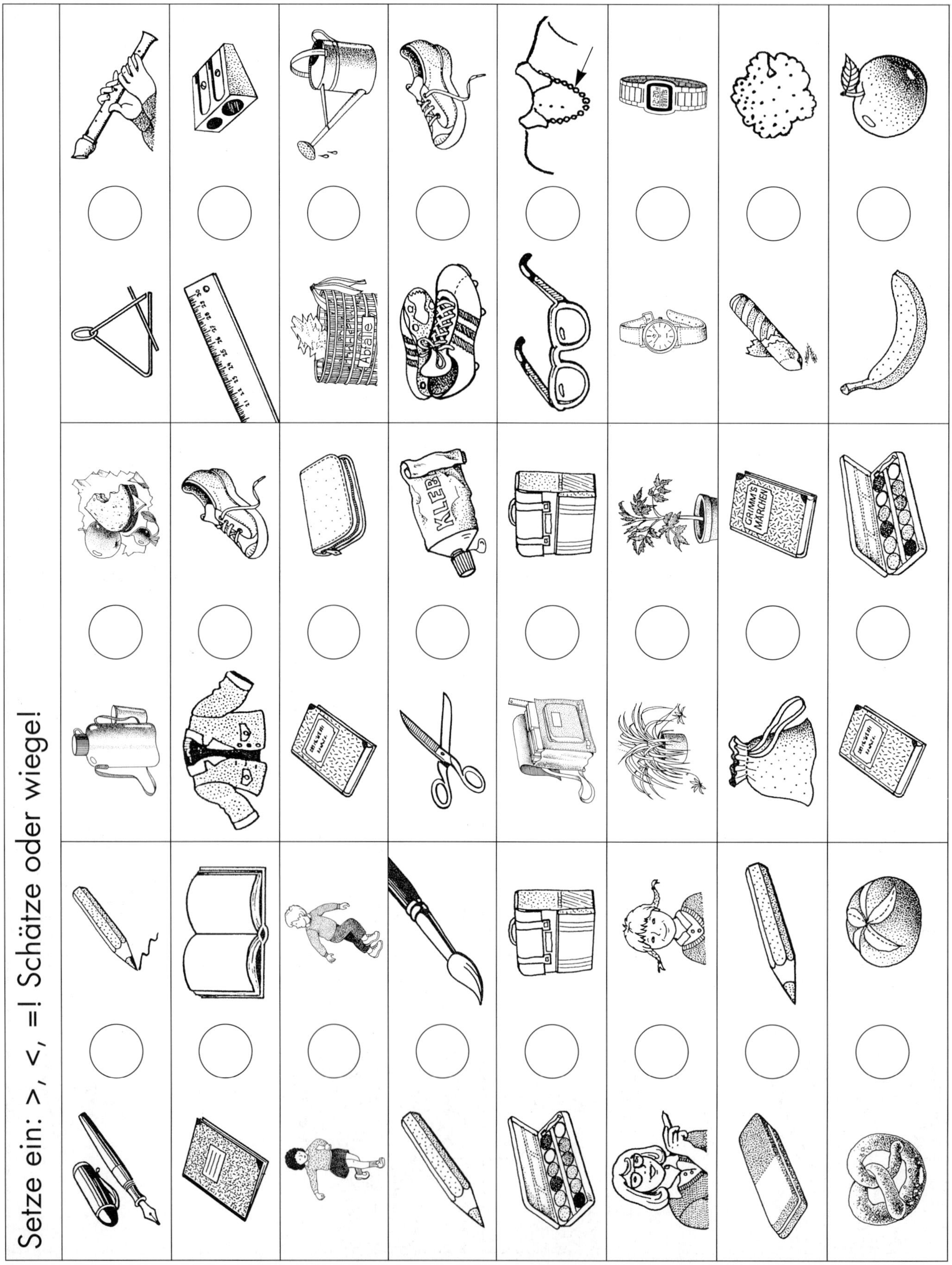

Domino: Gewichte g, kg: Ergänze auf 1 kg!

Domino: Gewichte kg, t: Ergänze auf 1 t!

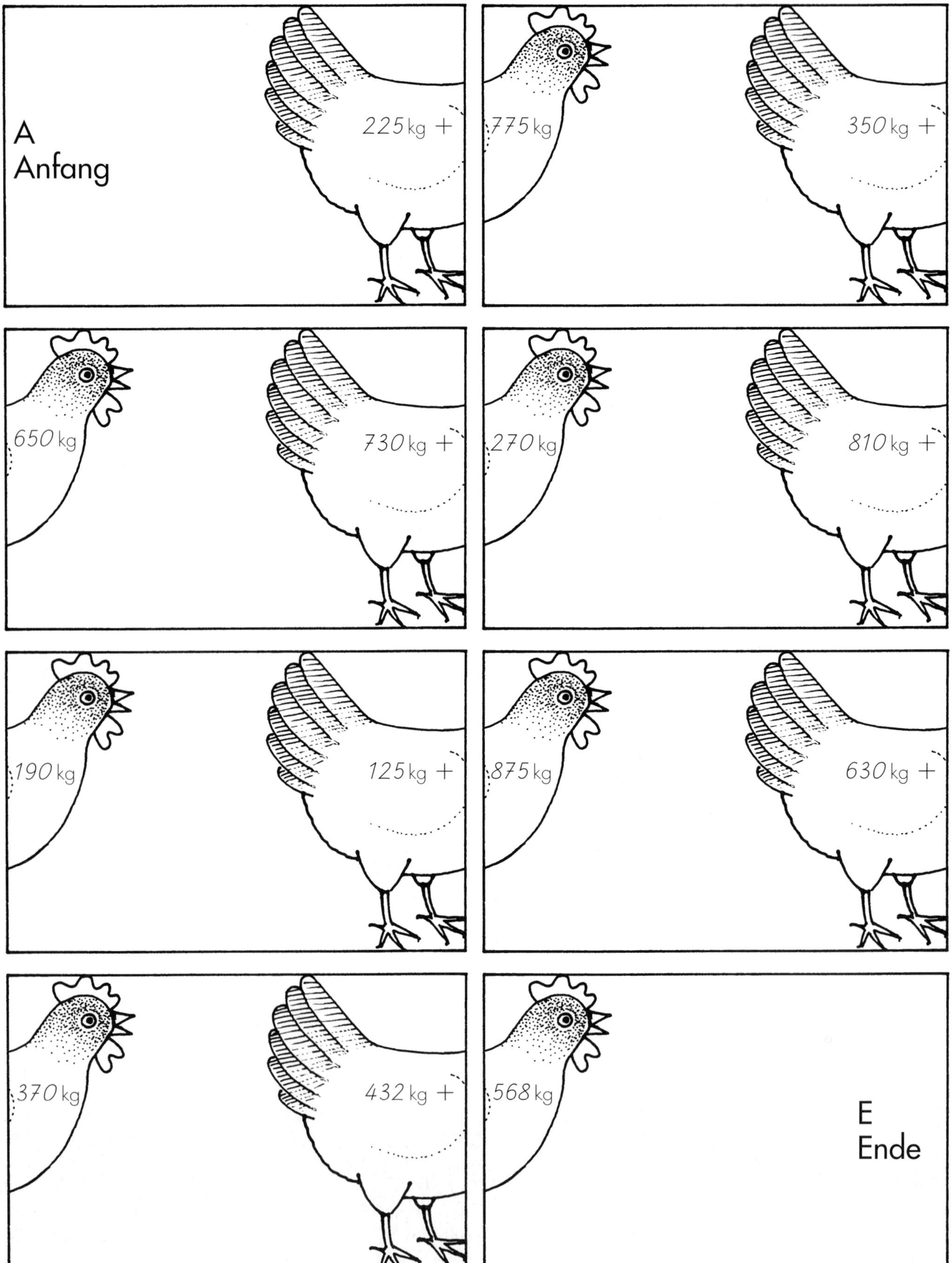

Folienkarte „Einkaufskorb“: Gewichte/Schriftliche Addition: Wie schwer sind die Körbe? →L

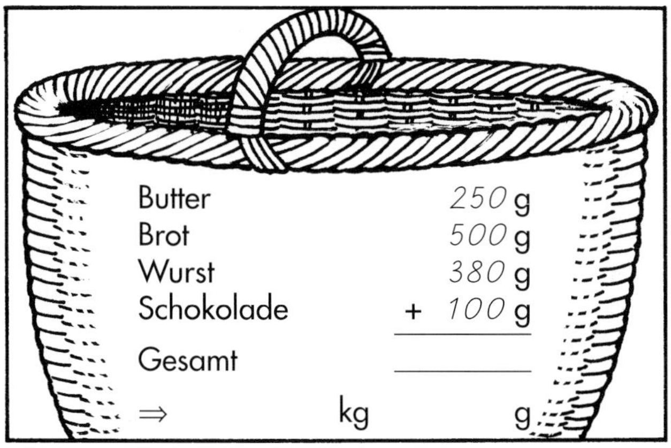

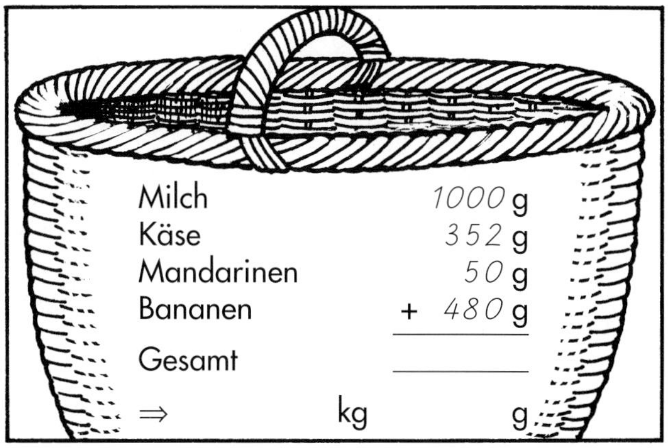

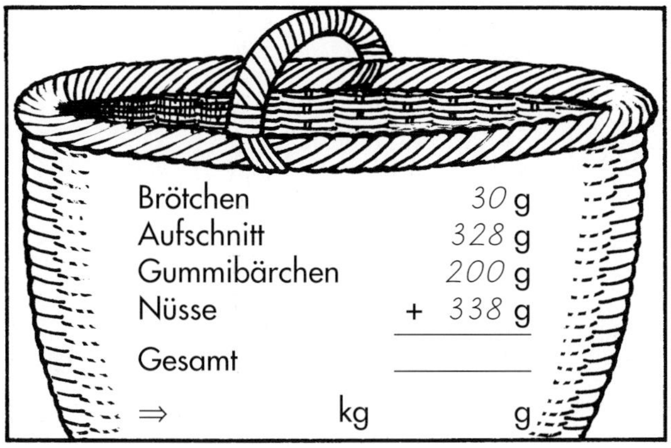

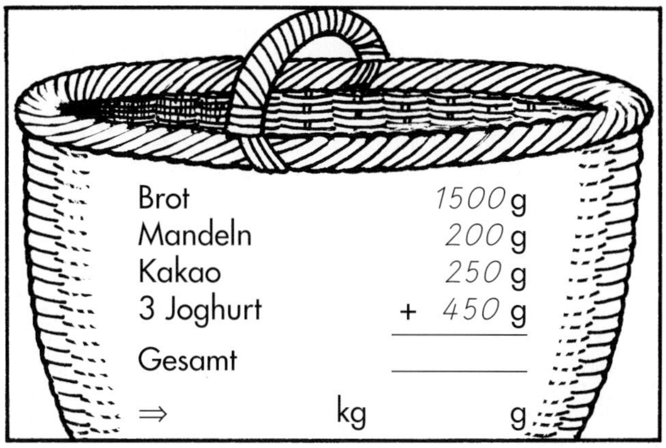

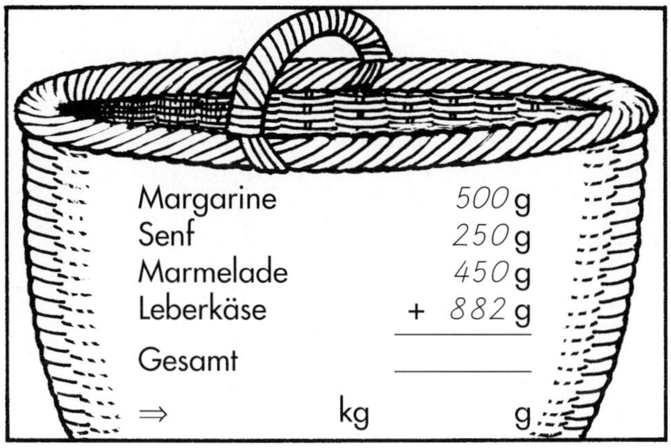

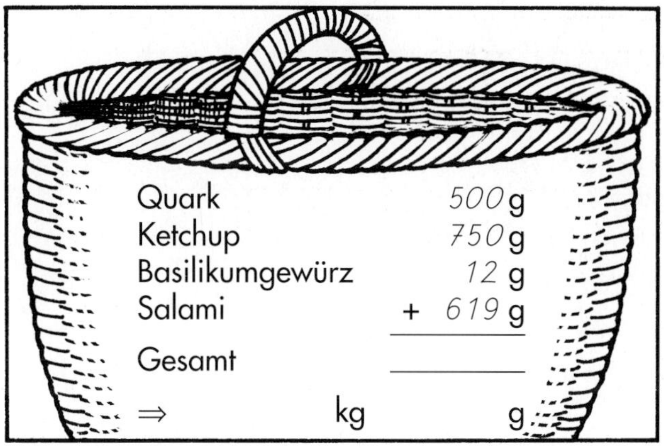

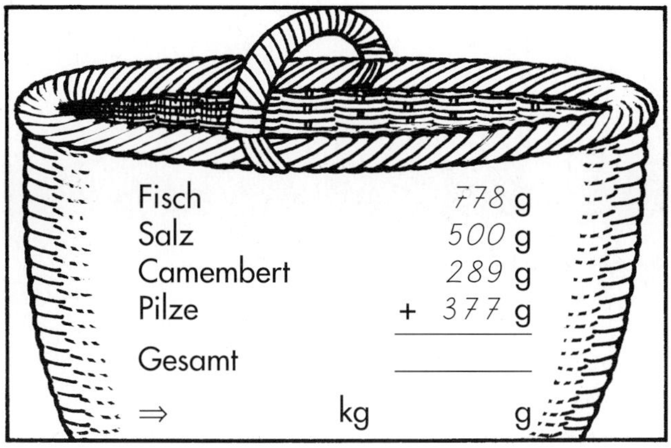

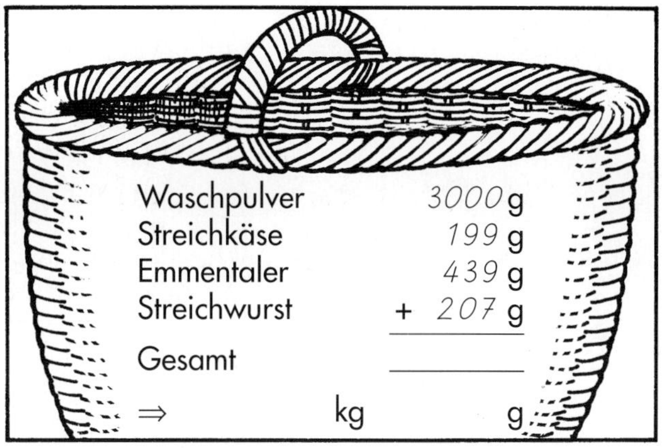

Pfeildomino: Rechnen mit Gewichten g, kg, t

1 kg − __ = 350 g	390 kg + __ = 1 t	1 t − __ = 222 kg	1 kg − __ = 100 g	502 kg + __ = 1 t

954 g	230 g	280 kg	300 kg	990 kg
46 g + __ = 1 kg	553 g + __ = 783 g	980 kg − __ = 700 kg	1 t − __ = 700 kg	1 t − __ = 10 kg

228 kg	667 g	220 kg	10 kg	500 g
1 t − __ = 772 kg	333 g + __ = 1 kg	589 kg − __ = 369 kg	100 kg − __ = 90 kg	500 g + __ = 1 kg

470 kg	210 kg	442 kg	479 g	11 g
530 kg + __ = 1 t	1 t − __ = 790 kg	558 kg + __ = 1 t	321 g + __ = 800 g	989 g + __ = 1 kg

650 g	610 kg	778 kg	900 g	498 kg

5.2 Längen

Domino: Längen mm, cm: Wandle um!

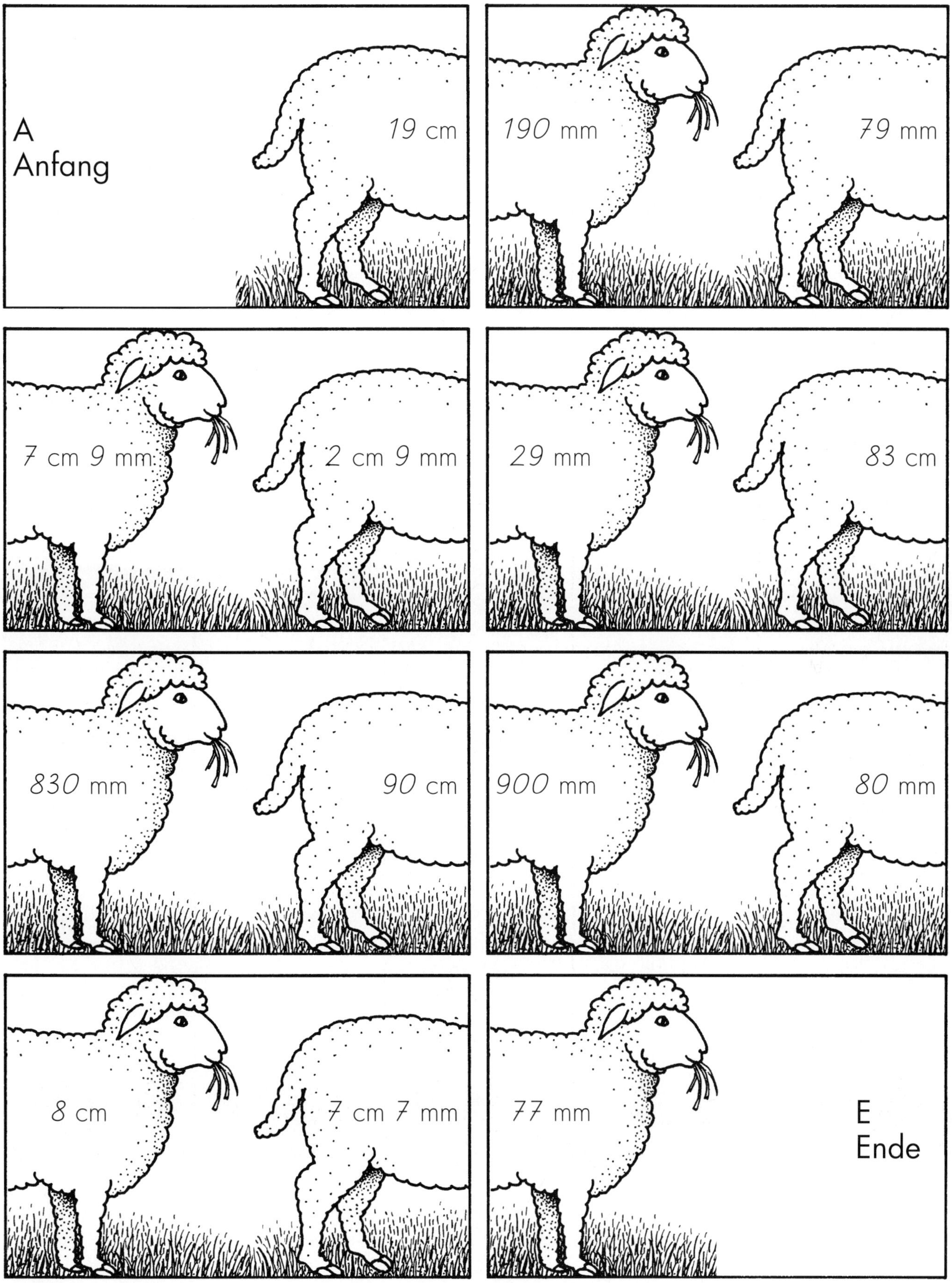

Domino: Längen m, km: Wandle um!

Pfeildomino: Rechnen mit Längen m, km

1 km − = 650 m	1 km − = 151 m	1 km − = 171 m	67 m + = 1 km	17 m + = 1 km

681 m	569 m	463 m	666 m	369 m
1 km − = 319 m	431 m + = 1 km	537 m + = 1 km	1 km − = 334 m	1 km − = 631 m

671 m	511 m	63 m	701 m	812 m
329 m + = 1 km	489 m + = 1 km	1 km − = 937 m	1 km − = 299 m	188 m + = 1 km

611 m	711 m	281 m	492 m	3 m
389 m + = 1 km	289 m + = 1 km	1 km − = 719 m	508 m + = 1 km	1 km − = 997 m

350 m	849 m	829 m	933 m	983 m

Lernschieber: Ergänzen auf 1 km/Rechnen mit Längen m, km

	☐ + 328 m = 1 km		1 km – 168 m =
672 m	☐ + 511 m = 1 km	832 m	942 m – 268 m =
489 m	☐ + 264 m = 1 km	674 m	812 m – 303 m =
736 m	☐ + 98 m = 1 km	509 m	412 m + 278 m =
902 m	☐ + 163 m = 1 km	690 m	1 km – 188 m =
837 m	☐ + 271 m = 1 km	812 m	1 km – 246 m =
729 m	☐ + 293 m = 1 km	754 m	134 m + 612 m =
707 m	☐ + 312 m = 1 km	746 m	910 m – 176 m =
688 m	☐ + 578 m = 1 km	734 m	802 m – 448 m =
422 m	☐ + 684 m = 1 km	354 m	1 km – 212 m =
316 m	☐ + 798 m = 1 km	788 m	198 m + 354 m =
202 m	☐ + 462 m = 1 km	552 m	481 m – 189 m =
538 m	☐ + 323 m = 1 km	292 m	334 m + 578 m =
677 m	☐ + 768 m = 1 km	912 m	1 km – 66 m =
232 m	☐ + 438 m = 1 km	934 m	1 km – 873 m =
562 m		127 m	

Kletterkarten: Ergänzen auf 1 km →L

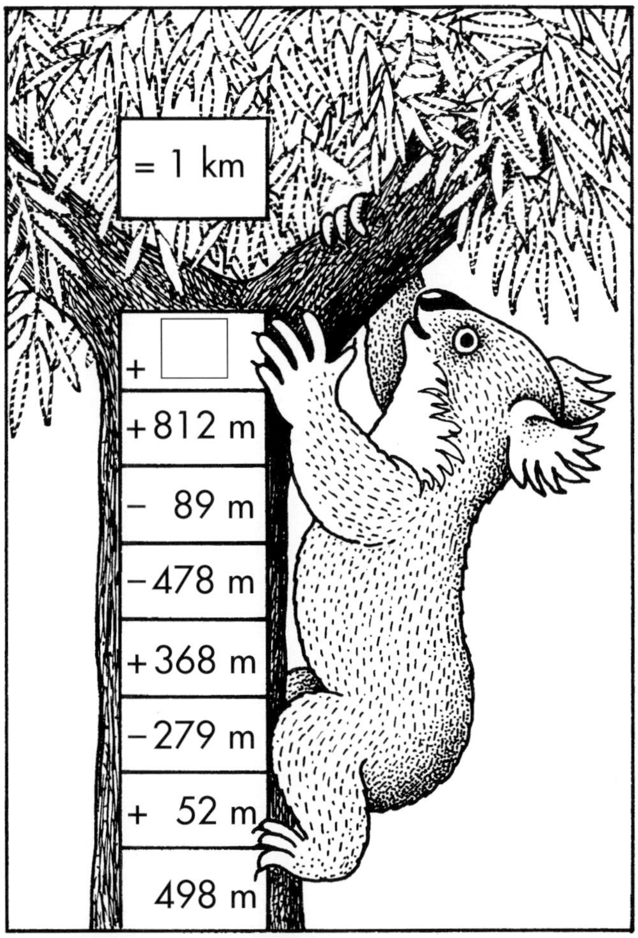

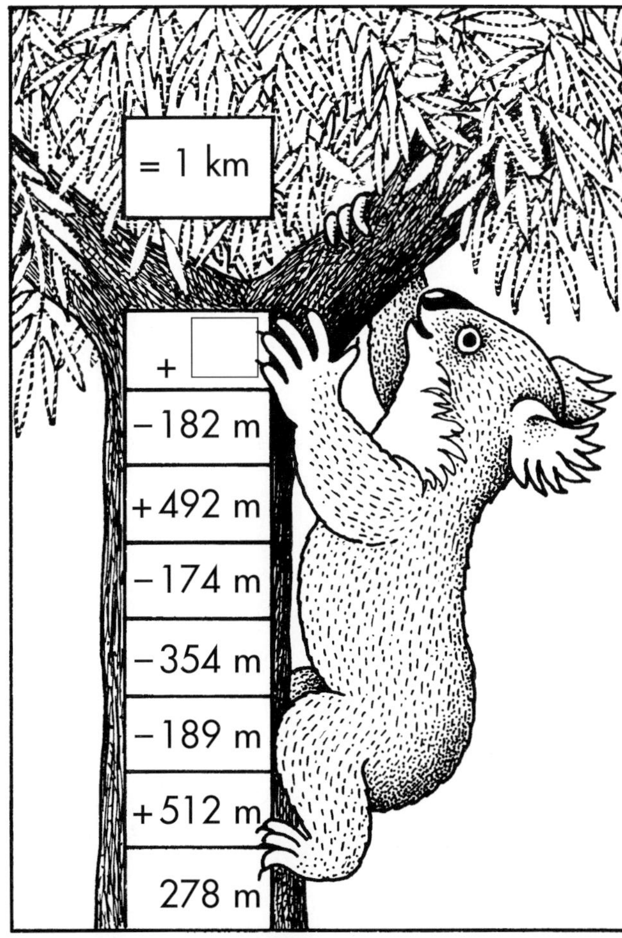

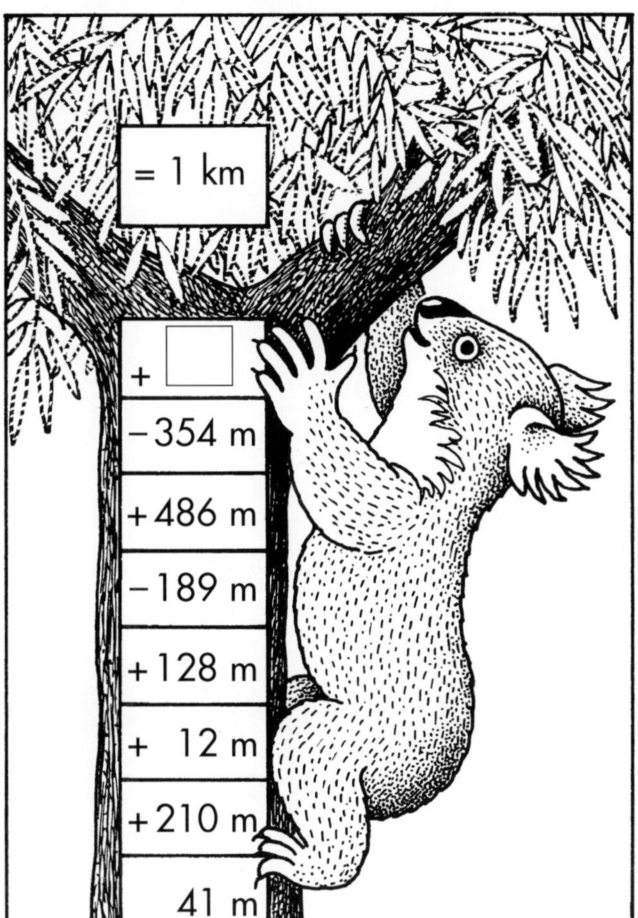

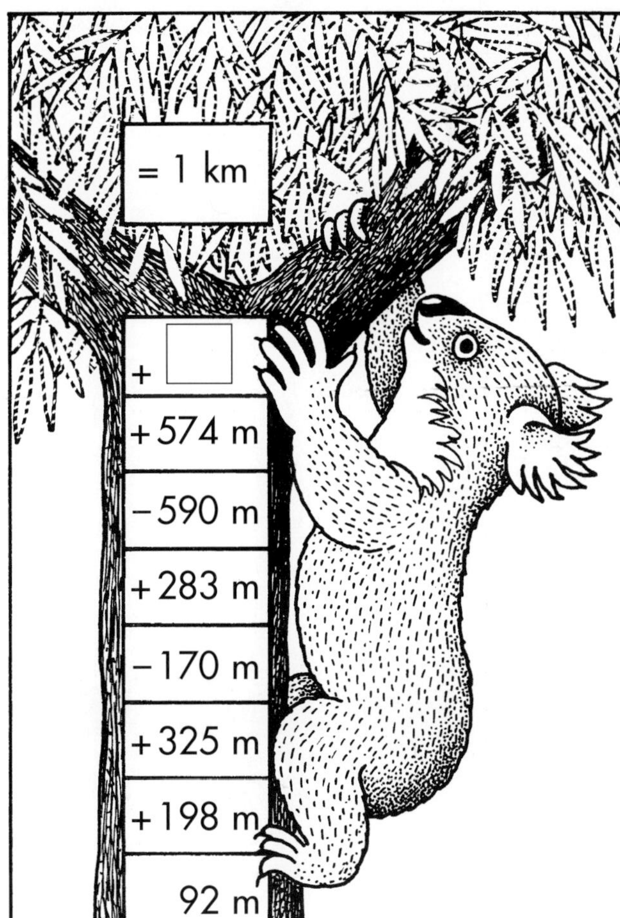

6. Denkaufgaben

Folienkarte: Zahlenquadrate →L

+	185		289	
		473		134
	324			
17		445		
				117

+	45	176		339
	83			
			352	
	463			757
92			295	

+	176		169	
	265			
94		448		
			307	
296				372

+	196		159	
		235		450
	575			
423		470		
				658

+	19	198		269
488				
		710		781
98			476	
			455	

+		175		89
				185
		358		
294	378			
	395		640	

Folienkarte: Magische Quadrate →L

879

263		283
		323

699

113		193
	233	
		353

534

118		
	178	
198		238

768

		216
	256	336
296		

528

	296	
236	176	116
206		

954

		308
	318	
328		348

294

		78
	98	48
118		

768

106		206
	256	
306		

Folienkarte: Zahlenquadrate →L

•		5	7	
6	54			
8				32
	27		21	
9				

•			9	
7				
	6		18	12
5	15	40		
		32		24

•				
6	480			
8		400		
3			120	
9				630

•				40
				280
				80
4		360		
	150	450	300	

•				3
				18
			150	
8		80		
20	120	200	100	

•		8		10
		240		
5			45	
70	350			
2				

Folienkarte: Kreuzrechenrätsel →L

Waagerecht:

A 607 − 80
C 63 : 7
D 5 · 5 + 75
E 9 · 4 − 3
F 721 + 189
H 7 · 8 + 63
I 27 : 3
K 107 + 114
N 73 · 7
O 420 : 70

A		B		C
			E	
D				
	F	G		
H				I
		K	L	
	M			
N				O

Senkrecht:

A 328 +203
B 9 · 80
C 999 − 62
F 9 · 9 + 10
G 1000 − 808
H 7 · 7 − 6 · 6
I 333 − 242
L 630 : 90 + 13
M 1 + 5 · 14

Waagerecht:

A 318 + 444
C 45 : 5
D 9 · 23
E 7 · 8
F 593 − 208
H 360 : 60 + 495
I 720 : 90
K 895 − 757
N 38 · 9

A		B		C
			E	
D		7		
	F	G		
H				I
		K	L	
	M			
N				O

Senkrecht:

A 8 · 9
B 41 · 7
C 998 − 7 · 5
G 9 · 9
H 3 · 9 + 7 · 4
I 120 − 8 · 4
L 6 · 7 − 24 : 3
M 8 · 8
O 280 : 40

7. Blankovorlagen

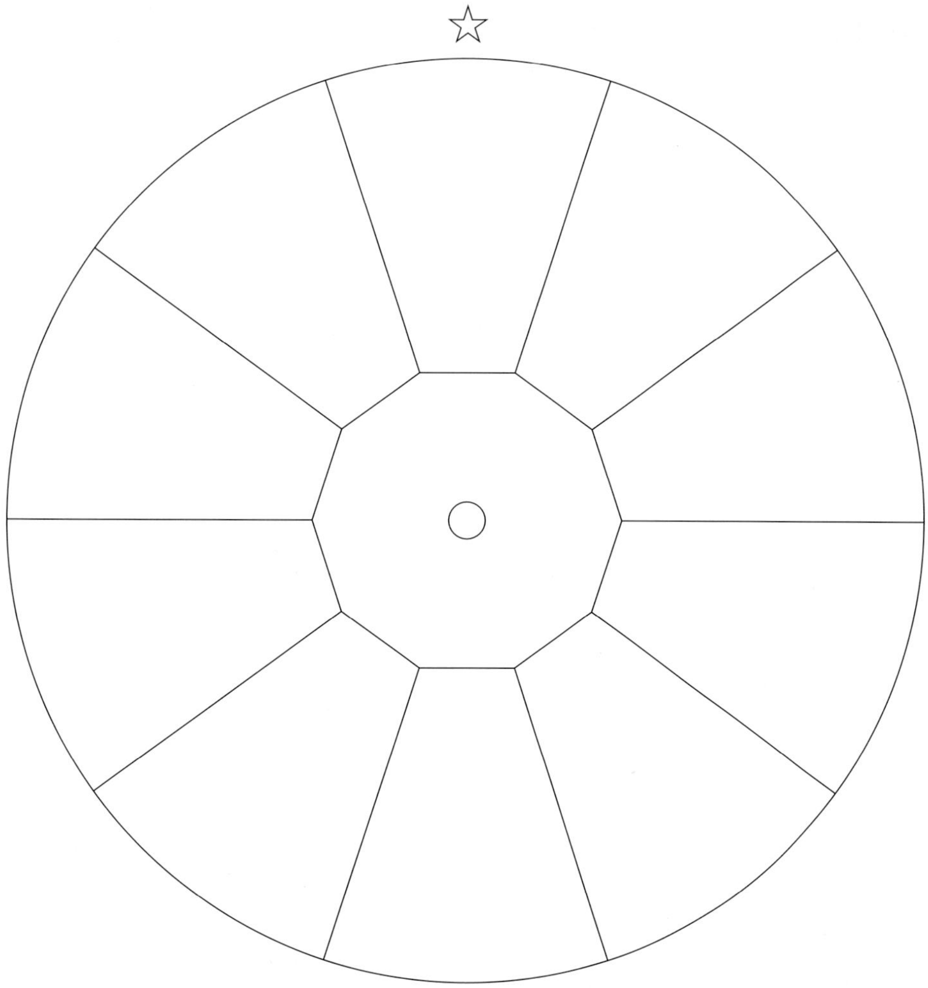

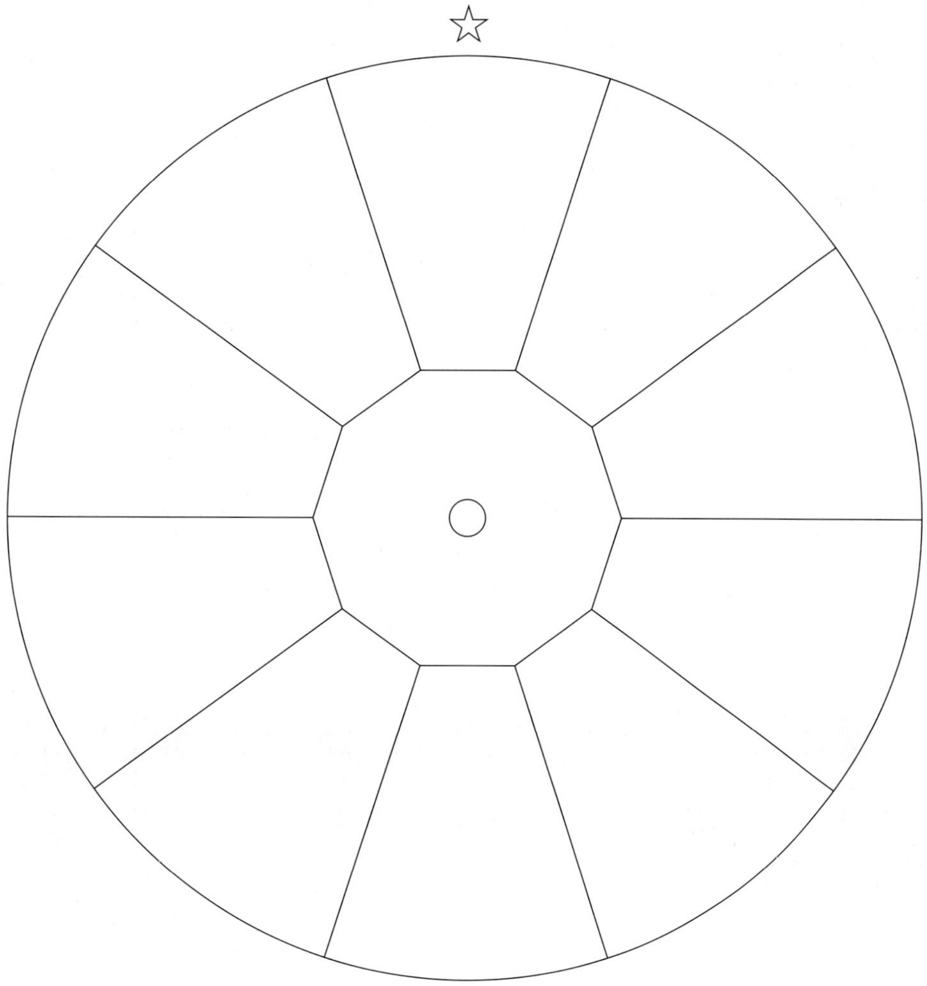

A Anfang			
			E Ende

A Anfang			
			E Ende

A Anfang			
			E Ende

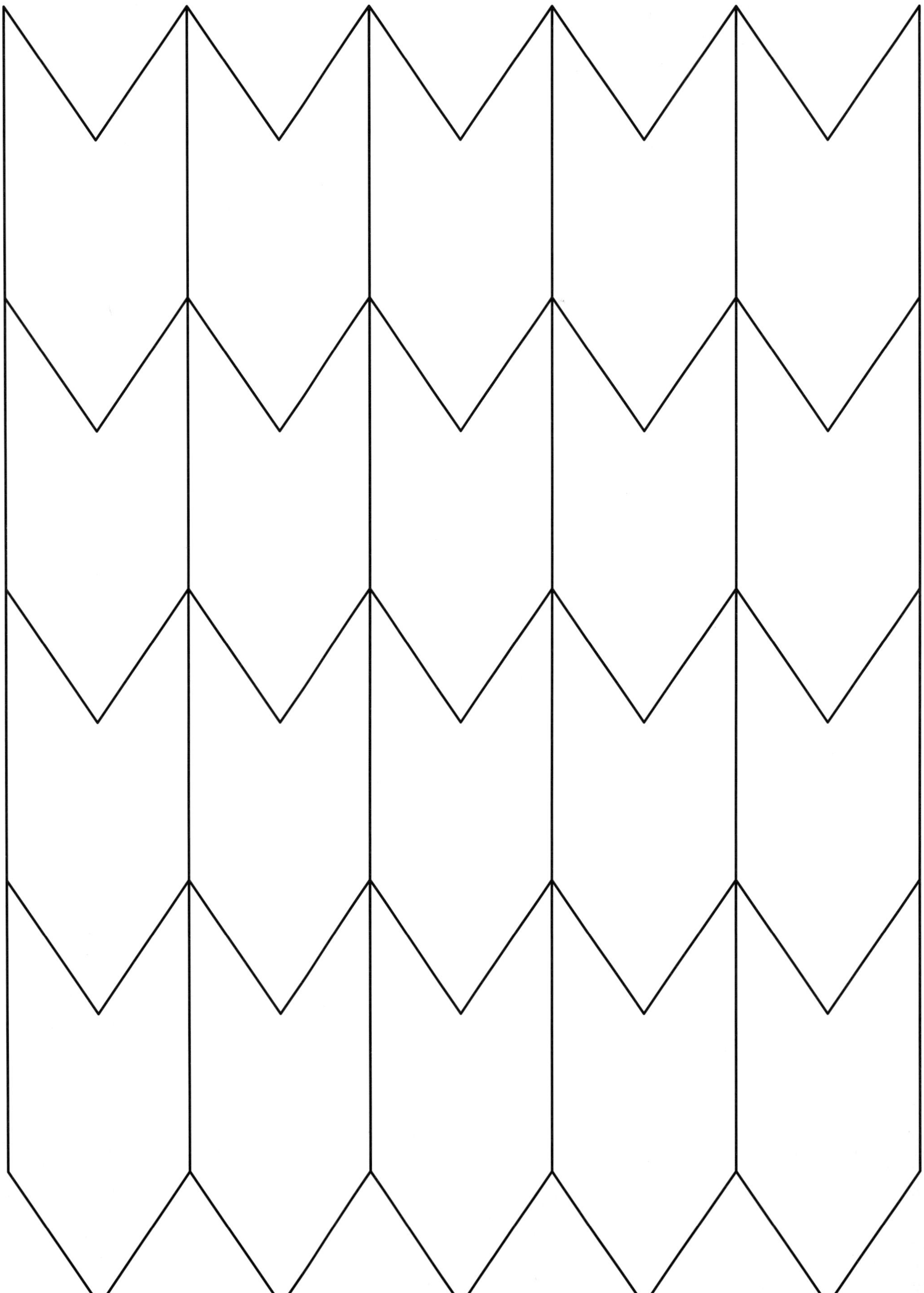

knicken

Geometrie – leicht gemacht!

Jacqueline Heintz
Mein erstes kleines Geometriebuch
Arbeitsheft mit Kontrollblättern
für die 1. Jahrgangsstufe
64 S., DIN A4, kart. Best.-Nr. **3159**

Jacqueline Heintz
Mein zweites kleines Geometriebuch
Arbeitsheft mit Kontrollblättern
für die 2. Jahrgangsstufe
72 S., DIN A4, kart. Best.-Nr. **3160**

Jacqueline Heintz
Mein drittes kleines Geometriebuch
Arbeitsheft mit Kontrollblättern
für die 3. Jahrgangsstufe
64 S., DIN A4, kart. Best.-Nr. **3331**

Jacqueline Heintz
Mein viertes kleines Geometriebuch
Arbeitsheft mit Kontrollblättern
für die 4. Jahrgangsstufe
64 S., DIN A4, kart. Best.-Nr. **3332**

Übung macht den Meister! Mit zahlreichen handlungsorientierten Übungen wie Zeichnen, Messen, Vergleichen und Ausschneiden werden räumliches Vorstellungsvermögen und Fertigkeiten zur räumlichen Darstellung geschult und entwickelt. Die Arbeitshefte orientieren sich an den Geometrie-Lehrplänen aller Bundesländer und sind zu jedem Mathematik-Unterrichtswerk einsetzbar.

Josef Schmid-Egger
Geometrische Figuren entwerfen und gestalten
80 S., DIN A4, kart. Best.-Nr. **3440**

Kreativität und Mathematik schließen sich nicht aus – im Gegenteil! Dieser Band bietet insgesamt 150 geometrische Figuren für die Klassen 1 bis 4 in der Grundschule. Die Kinder rekonstruieren die Figuren und gestalten sie anschließend aus. Dabei entstehen fast immer ganz verschiedene, in vielen Fällen wunderschöne Ergebnisse. Geschult werden genaues, konzentriertes Arbeiten ebenso wie künstlerische Fähigkeiten. So macht der Mathematikunterricht Spaß!

Auer BESTELLCOUPON Auer

Ja, bitte senden Sie mir/uns

____Expl. Jacqueline Heintz
Mein erstes kleines Geometriebuch Best.-Nr. **3159**

____Expl. Jacqueline Heintz
Mein zweites kleines Geometriebuch Best.-Nr. **3160**

____Expl. Jacqueline Heintz
Mein drittes kleines Geometriebuch Best.-Nr. **3331**

____Expl. Jacqueline Heintz
Mein viertes kleines Geometriebuch Best.-Nr. **3332**

____Expl. Josef Schmid-Egger
Geometrische Figuren entwerfen und gestalten Best.-Nr. **3440**

mit Rechnung zu.

Rund um die Uhr bequem bestellen unter:
Telefon: 01 80/5 34 36 17
Fax: 09 06/7 31 78

Bitte kopieren und einsenden an:

Auer Versandbuchhandlung
Postfach 11 52
86601 Donauwörth

Meine Anschrift lautet:

Name/Vorname

Straße

PLZ/Ort

Datum/Unterschrift

Praxisorientiert und topaktuell: Materialien von Auer!